地球進化46億年

地学、古生物、恐竜でたどる

高橋　典嗣

ワニブックス
|PLUS|新書

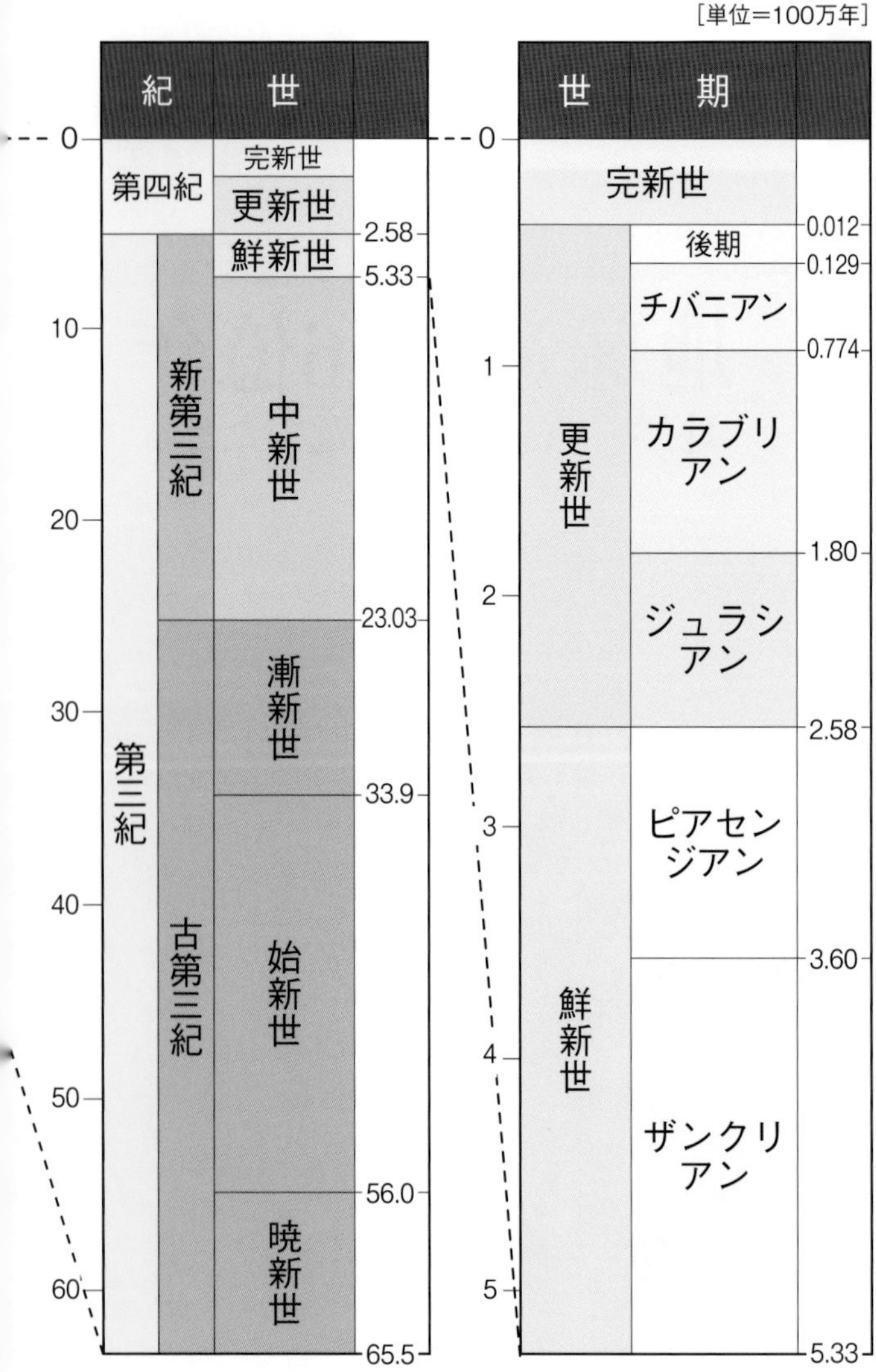

※Intenational commission on stratigraphy
IIntenational Chronostratigraphic Chart 2020 を参照して作成。

地質年代表

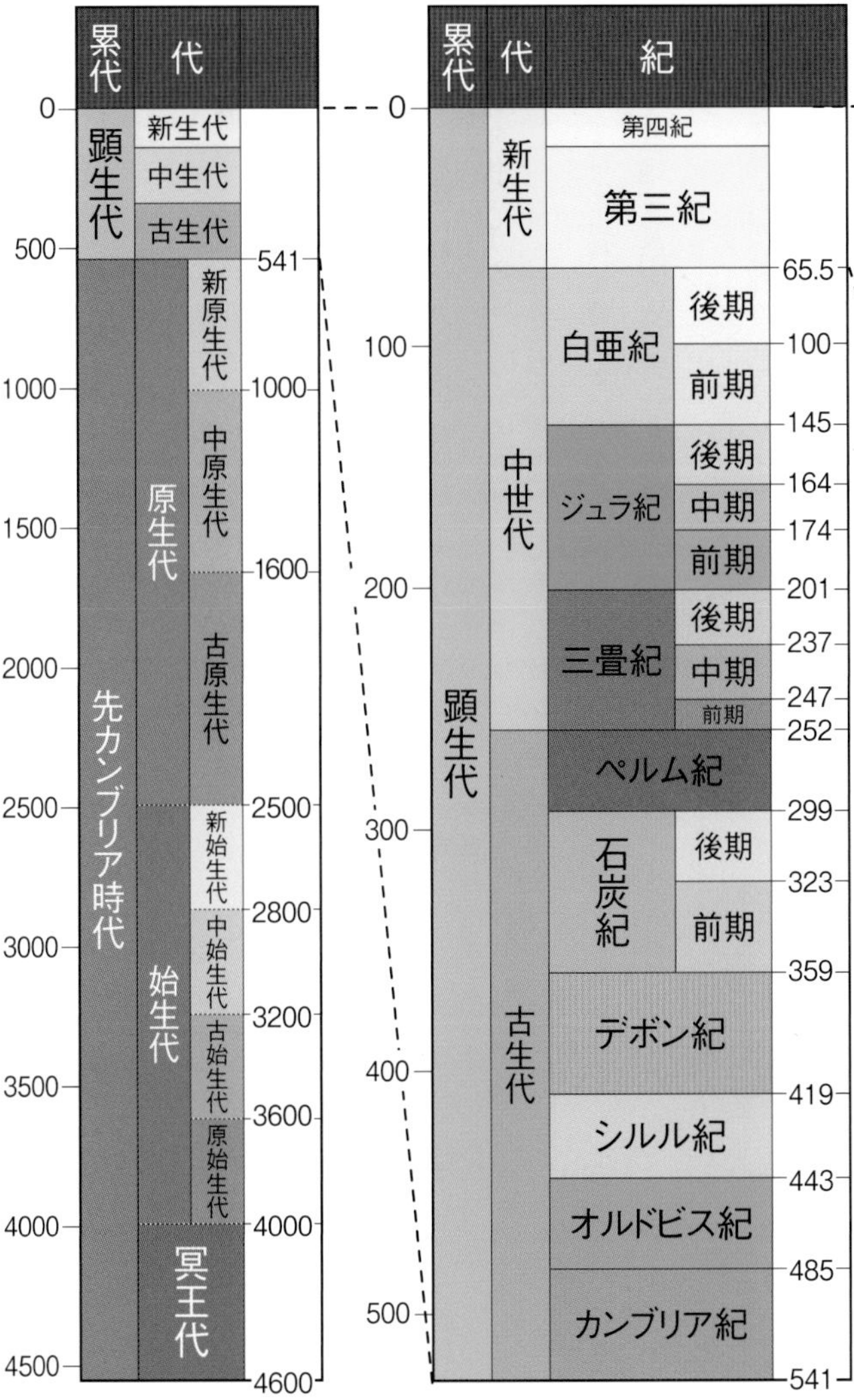
累代
代
0
500
1000
1500
2000
2500
3000
3500
4000
4500
顕生代
新生代
中生代
古生代
先カンブリア時代
原生代
始生代
冥王代
新原生代
中原生代
古原生代
新始生代
中始生代
古始生代
原始生代
541
1000
1600
2500
2800
3200
3600
4000
4600
累代
代
紀
0
100
200
300
400
500
顕生代
新生代
中世代
古生代
第四紀
第三紀
白亜紀
後期
前期
ジュラ紀
後期
中期
前期
三畳紀
後期
中期
前期
ペルム紀
石炭紀
後期
前期
デボン紀
シルル紀
オルドビス紀
カンブリア紀
65.5
100
145
164
174
201
237
247
252
299
323
359
419
443
485
541

地球進化46億年　地学、古生物、恐竜でたどる　目次

地質年代表……2

身近なジオ体験スポット

vol.1
千葉の地層に約77万年前の痕跡が……
地質年代「チバニアン」を体感！……8

vol.2
かつては「古秩父湾」という海だった！
秩父盆地・長瀞に刻まれた列島史……13

vol.3
三浦半島の南に浮かぶジオアイランド
地学を学べる城ヶ島ぐるり1周！……20

vol.4
ヒスイやフォッサマグナの不思議
糸魚川に見るプレート運動の奇跡……25

大量絶滅と地質年代……30

序章　宇宙の創成

誕生直後のインフレーションとビッグバン……32
宇宙は138億年前に生まれた!?……36
宇宙は何で満たされているのか？……40
地球46億年の歴史……44

第1章　太陽系と地球の誕生

名もない星の最期と太陽系の始まり……48
ドロドロで真っ赤な原始地球……52
月の誕生――ジャイアント・インパクト……56
地球質量の98%を占める6元素……60
放射による冷却と岩石の生成……64
地球の3層構造と化学組成……68
海が生まれた3つのシナリオ……70
生命維持に必要な地磁気の形成……76
「地球史」人物伝 vol.1
「近代地質学の祖」ジェームズ・ハットン……78

第2章　超大陸の誕生

玄武岩から花崗岩の大陸へ……80
超大陸ヌーナ、パノティアの出現……84
超大陸パンゲアの誕生と分裂……88
なぜ大陸はできて、再び離れるのか?……90
「地球史」人物伝 vol.2
「天変地異説」のジョルジュ・キュヴィエ……96

第3章　生命の萌芽と真っ白い地球

深海で動き始めた「最初の生命」……100
原核生物、そして真核生物が登場……104
シアノバクテリアによる光合成の始まり……108

大酸化イベントで灰色から赤色の地球へ…… 112
真っ白い時代、スノーボールアース…… 116
凍った地球がなぜ元に戻ったのか？…… 120
全球凍結後に現れたエディアカラ動物群… 124
「地球史」人物伝 vol.3
「大陸移動説」のアルフレート・ウェゲナー　… 126

第4章　古生代の生き物たち

巨大生物、バージェスモンスター現る！… 128
カンブリア大爆発と三葉虫の繁栄…… 132
オルドビス紀の生物大放散事変…… 136
オウムガイからアンモナイトの時代へ… 140
板皮類の登場で「魚の時代」を迎える… 144
進化したサメが海の王者に君臨！…… 148
魚たちの上陸、肉鰭類の登場…… 152
両生類の誕生と陸上生活の始まり…… 156
ペルム紀の成功者、単弓類の出現…… 160
藻類が上陸し、やがては森が生まれた… 164
ハネのような翅を得た昆虫の大繁栄時代… 168
地球史上最大の大量絶滅が勃発！…… 172
「地球史」人物伝 vol.4
「地質学原理」のチャールズ・ライエル　…… 176

第5章　恐竜の時代

三畳紀後期、哺乳類の先祖が登場！…… 180
単弓類を追いやったワニの先祖たち…… 184
「恐竜の祖」がついに現れた！…… 188

ジュラ紀、巨大化した草食恐竜……… 192
恐竜の多様化と暴君ティラノサウルス…… 196
海を支配した首長竜と魚竜たち……… 200
突然に終わりを遂げた大恐竜時代……… 204
羽毛をもった「鳥類の祖」が出現…… 208
花を咲かせる被子植物と昆虫の共生…… 212

第6章　新生代、ヒトの時代へ

古第三紀、恐竜亡きあと哺乳類が繁栄…… 218
旧世界ザルから類人猿への進化……… 220
ホモ・サピエンスの登場……… 222
更新世、試練の氷河期が訪れる……… 224
世界各地で文明が勃興する……… 228
全118元素の周期表……… 232

おわりに……… 234
主要参考文献……… 236

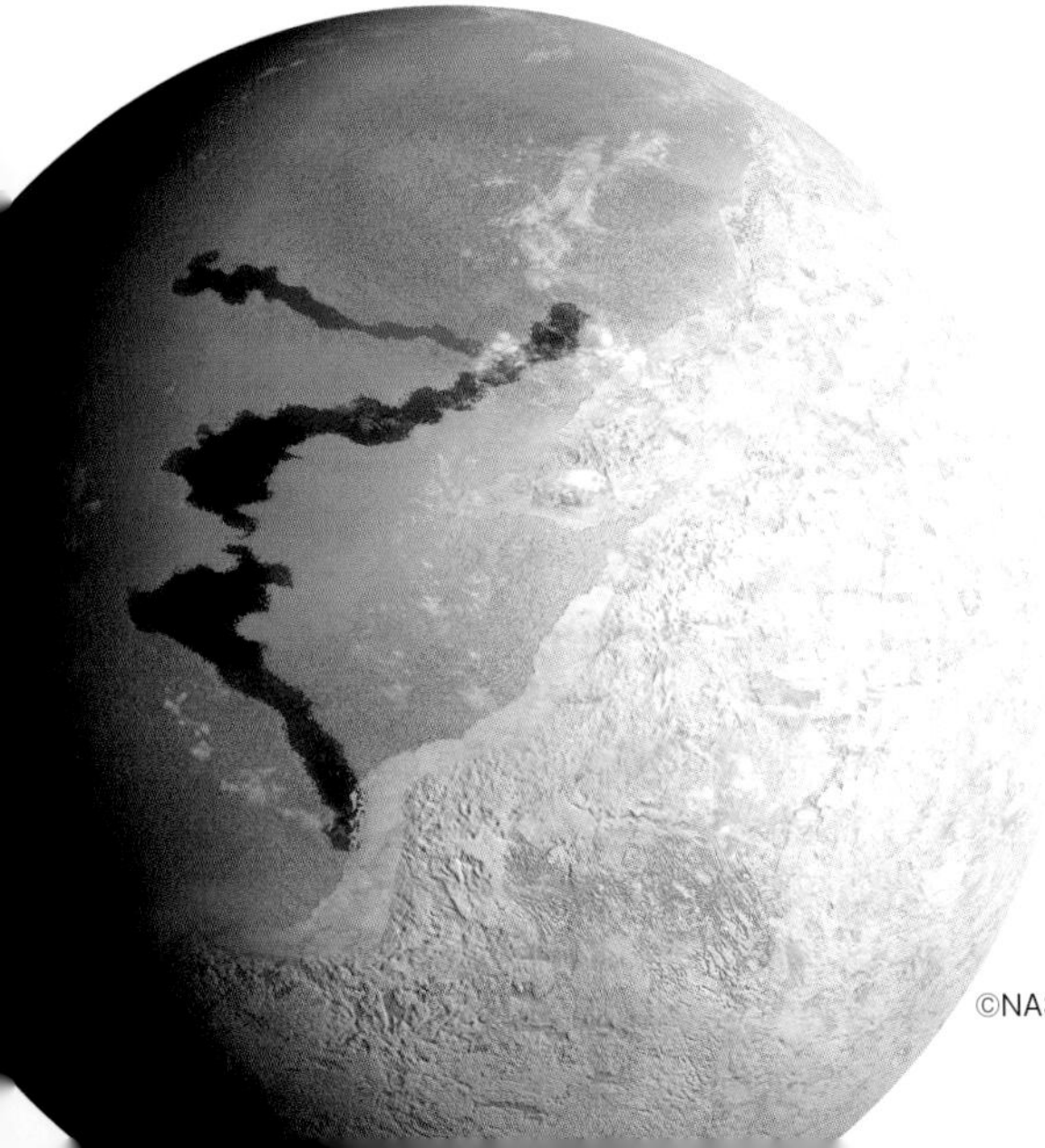

©NASA

身近なジオ体験スポット vol.1

千葉の地層に約77万年前の痕跡が……

地質年代「チバニアン」を体感！

２０２０年１月17日、国際地質科学連合（ＩＵＧＳ）は、地球の歴史を表す地質年代の新名称に「チバニアン」を承認しました。地質年代とは、地球が誕生した約46億年前から現在に至るまでの地球史を大小１１０以上の時代で区切ったものをいいます。チバニアンのチバはもちろん千葉県。地球史のなかに、日本の名前がつけられたのは史上初の快挙です。

地質年代は先カンブリア時代に始まって、古生代、中生代、新生代の4時代に大別されます。これらがさらに「紀」「世」と細分化されます。たとえば新生代は約６６５０万年前に始まり、古第三紀（～約２３００万年前）、新第三紀（～約２５８万年前）、第四紀（～現在）の3つの「紀」に分けられます。そして第四紀は、約２５８万年～1万１７００年前の更新世と、そのあとから今に続く完新世に分類され、更新世はこれまで前期のジュラシアン、カラブリアンと中期、後期に分けられていました。更新世のほとんどは氷河時代にあたりますが、そのうち中期は氷河期と温暖な間氷期が繰り返されて、マンモスなどの大型哺乳類《ほにゅうるい》が生きるいっぽう、現生人類のホモ・サピエンスが現れた時代とされています。そしてこの77万4000年〜12万9000年前更新世中期が、チバニアンと命名されたのです。

そもそも、地質年代の始まりをもっともよく示している地球上の1地点が、IUGSによって国際標準模式地（基準地）に選定され、基準地に由来する名称が地質年代につけられます。チバニアンは、どのような経緯で正式に認められたのでしょうか。

2017年、国立極地研究所と茨城大学などからなる日本の研究チームは、更新世前期と中期の境界を示す基準地に、約77万年前の地層が見られる千葉県市原市養老川沿いの露頭、通称・千葉セクションをIUGSへ申請しました。審査は4段階

■チバニアンに関する地質年代表

代	紀	世	期	区分	年代
					現在
新生代	第四紀	完新世			約1万1700年前
新生代	第四紀	更新世	後期		約12万9000年前
新生代	第四紀	更新世	中期	チバニアン	約77万4000年前
新生代	第四紀	更新世	前期	カラブリアン	約180万年前
新生代	第四紀	更新世	前期	ジュラシアン	約258万年前
新生代	新第三紀	鮮新世			約533万年前
新生代	新第三紀	中新世			約2300万年前
新生代	古第三紀	漸新世			約3390万年前
新生代	古第三紀	始新世			約5600万年前
新生代	古第三紀	暁新世			約6650万年前
中生代	白亜紀				約1億4500万年前
中生代	ジュラ紀				約2億年前
中生代	三畳紀				約2億5200万年前
古生代					約5億4100万年前
先カンブリア時代					約46億年前

国土地理院標準地図（タイル）を元に作成。

最寄り駅の小湊鐵道・月崎駅からチバニアン（養老川流域田淵の地磁気逆転地層）までは徒歩で約30分（約2㎞）。赤線が、小湊鐵道・月崎駅から田淵の露頭までの順路です。また、田淵会館近くには駐車場があります。見学するときは、降雨による増水にはとくに注意。また、アクセス路は民有地のため見学者は配慮が必要です。

地磁気逆転の証となった千葉セクションの地層。緑色の杭が打たれているのは、地磁気の向きが現在と同様に北を向いている地層で、赤色の杭が打たられているのは地磁気の向きが現在とは逆の南向きの地層を示しています。また、その中間に打たれている黄色の杭は、地磁気逆転の過渡期、不安定な地層です。

国立極地研究所や茨城大学などの研究チームが、国際標準模式地として申請した養老川の露頭、千葉県市原市田淵の地磁気逆転地層。白尾火山灰層が地質年代の境界になります。

あり、1次審査では別の候補地（2地点）を提案するイタリアを退けます。続く2次審査もクリアし、2019年11月には3次審査を通過。2020年1月、韓国釜山でのIUGS理事会で6割以上の賛成多数を得て承認されました。承認の推奨条件はいくつかありますが、とりわけ重要視されるのが次の3つです。

①海底で連続的に堆積した地層であること。
②地層中に、これまでで最後の磁場逆転の証拠が記録されていること。
③地層が堆積した当時の環境変動がよくわかること。

チバニアン承認の決め手となった条件が2番目です。地球を大きな磁石と考えると、方位磁石がNを指す方向（北極）がS極で、反対の南極がN極となります。このS極とN極が逆転することを地磁気逆転といい、原因はわかっていませんが、地球では約360万年前から現在までに最低11回も起きています。その痕跡は、当時の海底に積もった堆積物や溶岩に刻まれますが、千葉セクションの「白尾火山灰」という火山灰層を採取し、そこに含まれていたジルコンを分析したところ、地磁気逆転が77万4000年前にあったと判明したのです。

この火山灰層はかつて海の底にありましたが、房総半島が地殻変動によって隆起したことにより、わたしたちが目にできるようになり、やがて地質年代チバニアンへ導いたのです。

身近なジオ体験スポット vol.2

かつては「古秩父湾」という海だった！
秩父盆地・長瀞に刻まれた列島史

都市化が進む埼玉県ですが、景勝地として知られる長瀞《ながとろ》のほか、秩父地方には地形・地質の見所が目白押しです。

秩父山地は、古生代～中生代の比較的古くて硬い地層でできています。また、山地中央にある秩父盆地は、東縁と南縁に断層が走り、内部には新生代第三紀の地層が堆積しています。長瀞には、秩父盆地から流れ出た荒川が侵食し、それがつくり出した峡谷が約４㎞にわたって続きます。そこには畳２万枚分といわれる岩畳が広がり、訪れる人々の目を奪います。

長瀞の地層は、約１億６０００万～１億年前に形成されました。海洋底地殻の玄武岩と海溝に積もった砂や泥などが、海洋プレートとともに大陸プレートの下へと沈み込んでいきました。すると、地下15～30㎞の深さで圧力と熱による変成作用を受け、鉱物が再結晶して結晶片岩という変成岩ができます。この変成岩が、その後広域にわたって上昇、広域変成岩帯（三波川変成帯）が地表に現れました。その東端に位置するのが長瀞一帯の変成岩です。

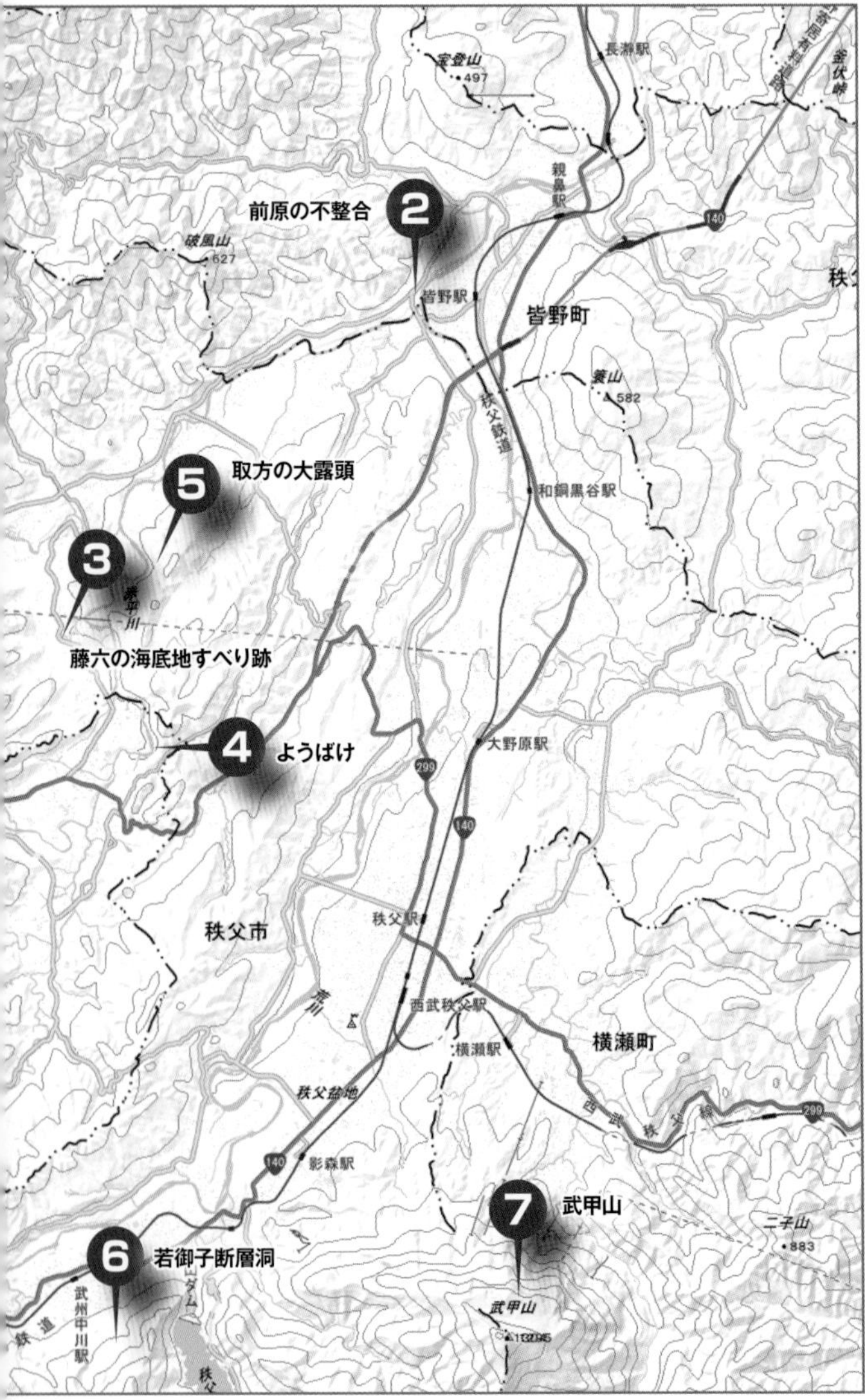

宝登山
497
長瀞駅
皆野寄居有料道路
釜伏峠
親鼻駅
2
前原の不整合
破風山
627
140
皆野駅
皆野町
秩父鉄道
蓑山
582
5
取方の大露頭
和銅黒谷駅
3
藤六の海底地すべり跡
4
ようばけ
大野原駅
299
140
秩父駅
秩父市
荒川
西武秩父駅
横瀬駅
横瀬町
秩父盆地
西武秩父線
299
140
影森駅
7
武甲山
二子山
883
6
若御子断層洞
武州中川駅
秩父鉄道
武甲山

秩父盆地のおもなジオサイト

❶ 犬木の不整合
下部は約1億年前（中生代白亜紀）に堆積した黒色泥岩で、右上の白色の砂岩層は約1700万年前、古秩父湾の時代（新生代新第三紀）に堆積した地層。両者には1億年以上の時間差があり、こうした地層の堆積関係を不整合といいます。

❷ 前原の不整合
黒色の下部層は約1億7000万年前（中生代ジュラ紀）に堆積した黒色泥岩。上は、古秩父湾が誕生した頃（約1700万年前）に堆積した砂岩（礫岩）層。近くではカキの化石が見られることから、ここは古秩父湾の岩礁だったことがわかります。

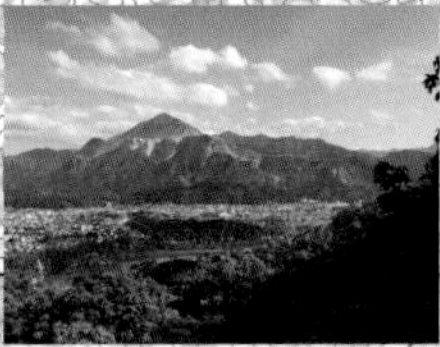

❼ 長年にわたり石灰岩が採掘されている武甲山。

❼ 武甲山を形づくる石灰岩の岸壁（奥）の下（足元）に、黒っぽい玄武岩が見えます。岩体がかつて南洋の火山島だったことを物語っています。

国土地理院標準地図（タイル）を元に作成。

太古に地下深部でつくられた岩石を目にできることから、長瀞は「地球の窓」と呼ばれます。また、日本の地質学の礎を築いたドイツ人・ナウマンの一番弟子で、紅簾石片岩《こうれんせきへんがん》を世界で初めて報告した小藤文次郎、上武山地を中心に地質調査した大塚専一らが、最初に秩父地域を調査したことから、「日本地質学発祥の地」とされています。

埼玉県立自然の博物館（長瀞町）前にある「日本地学発祥の地」石碑。材料は長瀞産の赤鉄石英片岩。

秩父盆地の南東にそびえる武甲山は、現在も採掘が続く石灰岩の山として知られています。この石灰岩の元になったのは、約2億3000万年前、南洋の火山島に形成されたサンゴ礁です。サンゴ礁は北上する海洋プレートに乗って北へ移動、大陸プレートの下へ沈み込もうとしたとき、はぎとられるようにして陸側へ押し付けられました（付加体）。これが続々と付加する地層に押されて隆起、やがて秩父に移動してきたものです。

正方形に近い形状をしている秩父盆地は、かつては古秩父湾という浅海でした。その証拠のひとつが化石で、ここではチチブクジラ、チチブサワラ、チチブホタテといった「秩父」

を冠した海棲《かいせい》生物の化石が数多く採取されています。

古秩父湾が誕生したのは約１７００万年前。約１６００万年前には全域が深海に沈み、そのとき生じた海底の土砂崩れ跡、タービダイトと呼ばれる地層が「取方の露頭」で見られます。約１５００万年前には海と別れを告げ、その後、荒川が運んできた土砂が堆積するなどして現在の地形を形づくっていきました。

秩父盆地の各所には、秩父帯と呼ばれる中生代の地層と、古秩父湾に堆積した新生代の地層の境（不整合）や湾の時代を示唆する露頭があり、地球のダイナミズムを学べるフィールドとなっています。

■長瀞巡検マップ

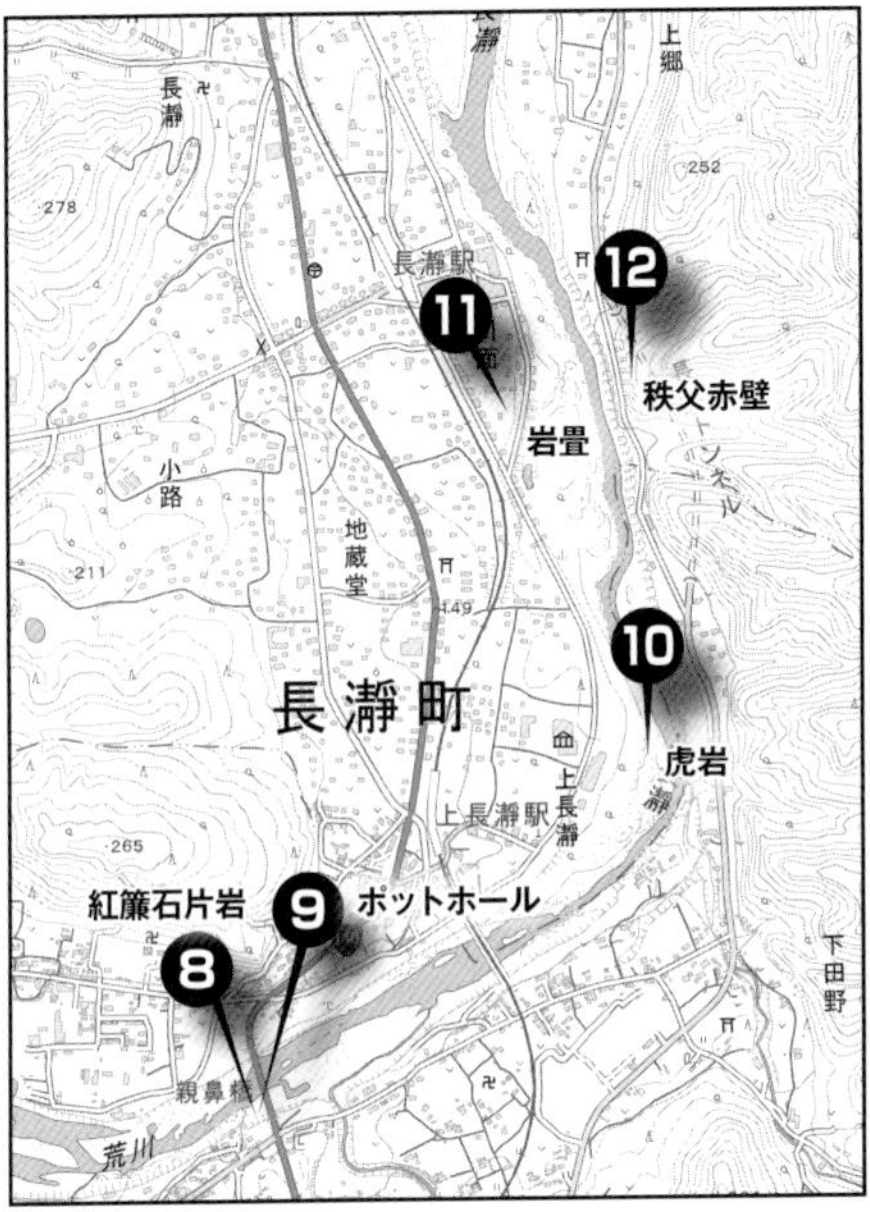

国土地理院標準地図（タイル）を元に作成。

❸ 藤六の海底地すべり跡

約1600万年前、西側の山地が隆起して海底に斜面ができました。このとき、まだ固まっていなかった海底の堆積物が地震などの地殻変動により海底地すべりを起こし、地層の層間が褶曲のように曲がった地層、スランプ構造が形成されました。

❹ ようばけ

高さ約100 m、幅約400 mの赤平川右岸の大露頭（崖）。約1550万年前、秩父盆地東縁の外秩父山地が隆起し、古秩父湾には土砂が流れ込み浅くなっていきました。そのとき堆積した地層が見られ、貝やカニ、魚類、鯨類、パレオパラドキシアなどの生物化石を採取することができます。

❺ 取方の大露頭

約1600万年前、日本の多くが深海へ沈む地殻変動が起き、古秩父湾も急激に沈降しました。すると周囲から大量の土砂が供給され、2000 m以上にもなる厚い地層が堆積。このとき海底の土砂崩れによりできた縞模様の地層（タービダイト）が観察できます。

❻ 若御子断層洞

古秩父湾と秩父山地の境目で起こった断層活動で、秩父帯の硬いチャートが破壊された断層面を洞窟奥で観察できます。断層面には、鏡肌と呼ばれる断層運動が起きた際に岩盤同士がこすられてできた跡があり、表面に引っかき傷のような跡が見られ、断層のズレ方向がわかります。

❽ 紅簾石片岩
紅簾石という濃紅色をした鉱物を含む結晶片岩。赤色は含有するマンガンによるもの。写真は、親鼻橋の上流右岸にある淡いピンク色をなした紅簾石片岩の露頭。

❾ ポットホール（甌穴）
河床の窪みに挟まった石が、川の急流により長期間、回転することでできた穴。写真は⑦の紅簾石片岩の岩体にできたもの。岩畳にある最大クラスは直径 1.8 m、深さ約 4.7 m。

❿ 虎岩
茶褐色部分は鉄やアルミニウムに富む結晶片岩の一種、スティルプノメレンという鉱物。スティルプノメレンと白色の長石や石英などが折り重なることで、見た目が「虎の毛皮」を思わせることから命名。

⓫ 岩畳
幅約 80 m、長さ約 500 mにわたり段丘状に広がる岩石。約 8000 万～ 7000 万年前に隆起した結晶片岩。広域変成岩は、圧力に対して垂直方向に、平面上に配列しているため、片理面に沿ってはがれやすい。

⓬ 秩父赤壁
高さは最大 50 m超、長さは約 500 mにわたって続く石英片岩を含んだ岸壁。断層に沿って流れる荒川の侵食によってできた。諸説あるが、中国長江の名勝地「赤壁」にちなんで命名されました。

身近な
ジオ体験
スポット
vol.3

三浦半島の南に浮かぶジオアイランド

地学を学べる城ヶ島ぐるり1周！

城ヶ島は、神奈川県の三浦半島最南端から南へ約200m、周囲は約4㎞、東西は約1・8㎞という小さくて横長の島です。釣りをはじめとした観光地として広く知られていますが、じつはこの島、ぐるっと1周すれば地学の基礎が学べるジオアイランドなのです。

そもそも城ヶ島の基盤は、火山砕屑《さいせつ》物（スコリア）や火山灰といった火山噴出物が凝固した、三浦層群と呼ばれる凝灰岩《ぎょうかいがん》です。現在の三浦半島に火山はありません。では、火山由来の岩石が、どのようにしてできたのでしょうか。答えは約1500万年前の南洋にあります。

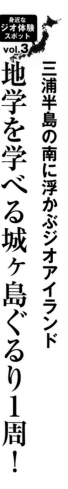

そこでは海底火山が活発に噴火していました。そして、その噴出物が堆積して火山島ができます。すると、海底に堆積したこの火山島からの噴出物がフィリピン海プレートに乗って北上、やがて列島（本州）に衝突しました。このとき本州に付加《ふか》したものが、その後の地殻変動によって隆起し、水面に現れたのが城ヶ島と考えられているのです。

城ヶ島では、三崎層と初声層《はっせそう》という三浦層群に属するふたつの地層が見られます。このう

■城嶋・三島半島南端部の地質層序

地質年代			地質名 風成層	地質名 水成層	年代
新生代	第四紀	完新世		沖積層	約1万年前〜現在
		更新世	立川ローム層		約3万〜1万2000年前
			武蔵野ローム層	三崎砂礫層	約8万年前
			下末吉ローム層	小原台砂礫層	約10万年前
				引橋段丘堆積物	約12万年前
				相模層群（宮田層）	約40〜10万年前
	新第三紀	鮮新世		三浦層群 初声層	約400万年前
		中新世		三浦層群 三崎層	約1200万〜400万年前
				葉山層群	約1600万〜1200万年前

ち、約１２００万〜４００万年前に堆積した三崎層は、凝灰質シルト岩とスコリア質凝灰岩の互層になっています。その後の約４００万〜３００万年前に堆積したのが初声層で、葉理（ラミナ）がよく見られることから、軽石質の砂や礫《れき》などが浅海で堆積した凝灰岩層と考えられています。城ヶ島の中央やや西の南岸には、島を分断する大きな逆断層が走っているほか、ふたつの地層が堆積していた頃から現在に至るまでに生じた断層が数多く走っています。

　また、「馬の背」と呼ばれる海食洞、海底に堆積していた頃の圧力によって波状に変形した褶曲《しゅうきょく》、海底地すべりの跡であるスランプ構造、火山灰とスコリアによる炎状構造のほか、城ヶ島には地学スポットが満載です。詳細は、次ページ以降を参照ください。

⑬ コンボリュートラミナ（葉理）

本来は平行な筋状構造となるべきラミナ（葉理）がカールし、さらにカール下面がカットされた地層。侵食によるカット面は本来、地層上方にあるはずですが、それが下方にあることから、地層が逆転しているのがわかります。

❽ 大断層

三崎層の上にローム層が載っています。黄色で囲んだ部分が、城ヶ島を分断する大きな逆断層です。断層面には厚さ1cmほどの粘土層（断層粘土）が見られます。

⑩ 不整合

三浦層群・初声層の上に赤色をした関東ローム層が堆積。傾斜した初声層に対して、関東ローム層はほぼ水平に重なった不整合。

城ヶ島の巡検マップ

国土地理院標準地図（タイル）を元に作成。

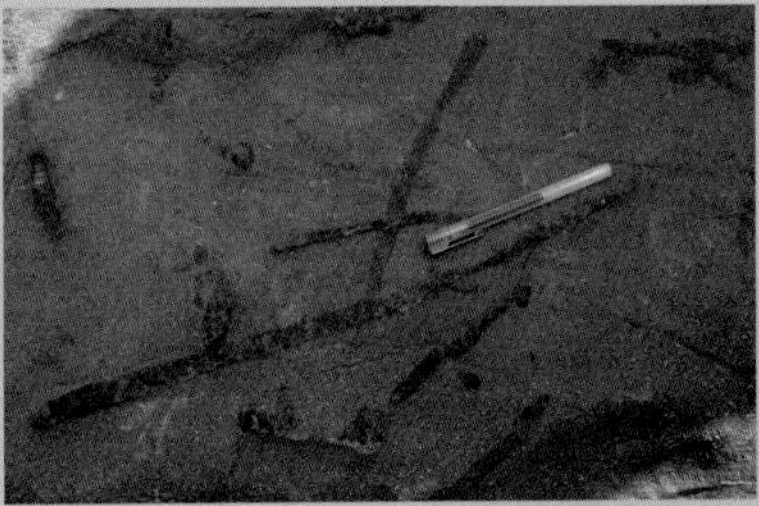

❹ ピンクタフと生痕化石
凝灰岩が酸化してピンク色に変色している。表面の細長い模様は、約1000万年前、海底に生息していた貝やゴカイなどの巣穴跡（生痕化石）。一定期間、ここが穏やかな海底であったことがわかります。

❼ 褶曲
横からの力で波状に変形した地層を褶曲といい、波の山部分を背斜、波の谷部分を向斜といいます。ここで見られるのは向斜構造で、点線部分が向斜軸。

❶ **ノッチ**
波の侵食でできた窪み。マツバボタンが植生する面はともに、一定期間、平面部分が海水面だった証拠。

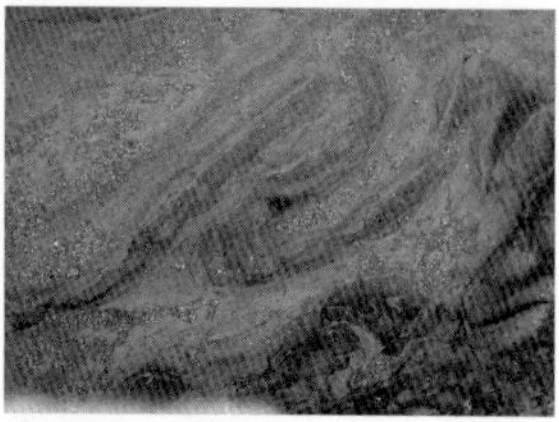

❸ **スランプ構造**
海底に堆積したスコリアの砂層と泥層が、未凝結のまま海底地すべりを起こして変形したもの。付加体の典型的な構造のひとつです。

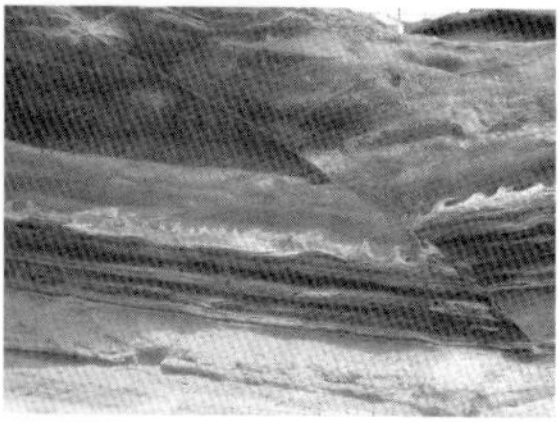

❺ **逆断層**
地殻表面にできた断裂で、面に沿い両側の岩石が相対的に変位しているものが断層。逆断層は圧縮の力ででき、同じ地層を指で辿るとZ字（またはその逆）になります。

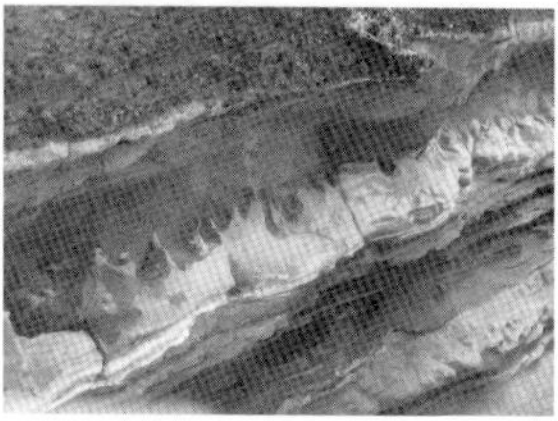

❻ **炎状構造**
白色の火山灰（パミス）に、鉄分が豊富な黒色のスコリアが勢いよく降下したことと大地震の振動でできた炎状構造（フレーム構造）。

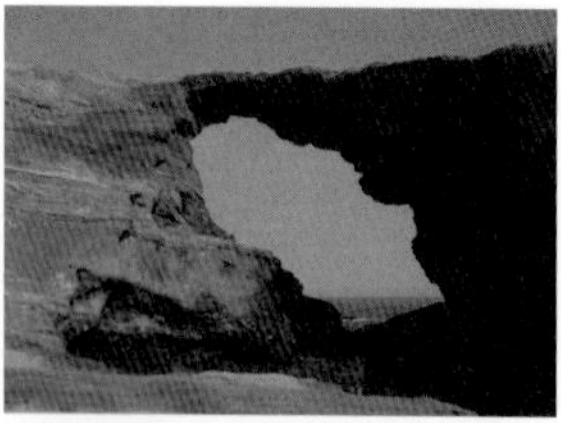

❾ **馬の背**
波の侵食により初声層の断崖にできた海食洞。1923年の関東大地震で約1.5m隆起するまでは、この洞門を船が通っていました。

⓫ **断層**
深海で堆積した三崎層（左）と浅海で堆積した初声層(右)が断層によって区切られています。

身近なジオ体験スポット vol.4

ヒスイやフォッサマグナの不思議

糸魚川に見るプレート運動の奇跡

１９３８年、ヒスイの存在が日本で初めて確認されたのは、ヒスイ産地として名高い新潟県の小滝川ヒスイ峡（小滝川硬玉産地）です。そもそも日本では、約５０００年も前の縄文時代前期からヒスイは用いられていました。全国各地の古代遺跡からは、ヒスイの加工品が数多く発掘されています。しかもそれらは、単なる道具にとどまらず、魂を鎮める副葬品に使われるなど「神秘の力が宿る石」として扱われていたこともわかっています。

ところがヒスイは奈良時代以降、歴史から忽然と姿を消します。仏教伝来と関係づけられることもありますが、理由はわかっていません。ヒスイ文化は忘れ去られ、その起源は大陸にあるとさえ考えられてきました。

時を経て１９３５年、糸魚川《いといがわ》の文学者・相馬御風《そうまぎょうふう》は、『古事記』に出てくる越《こし》の奴奈川姫《ぬなかわひめ》が身につけていたのはヒスイでないかと考えます。そして地元住民の協力により、糸魚川でヒスイらしき緑色の岩を発見。それを東北大学の河野義礼氏らが分析したところ、ヒスイ輝

❶ 小滝川ヒスイ峡
姫川の支流・小滝川にある小滝川硬玉産地（国の天然記念物）。小滝川に明星山の岩石が落ち込んだ河原一体で、大小さまざまなヒスイの原石（丸で囲んだところ）を見ることができます。

小滝川ヒスイ峡で観察できるヒスイの原石。

❼ プレート境界
糸魚川 - 静岡構造線の西側の境界にあるフォッサマグナパーク（糸魚川市根小屋）。断層破砕帯を挟んで、西（左）がユーラシアプレート、東（右）が北米プレートです。

糸魚川エリアのおもなジオサイト

国土地理院標準地図（タイル）を元に作成。

❻ 枕状溶岩
フォッサマグナパークにある枕状溶岩。海底火山から噴出した溶岩が海水で急冷され固まってできたもので、ここが往時、海底だったことを物語っています。

石（硬玉）だとわかります。こうして1938年に存在が確かめられ、翌年には論文が発表されます。その後、日本国内で発見したヒスイ加工品のほとんどが、糸魚川産ヒスイを使ったものだと判明し、5000年前に始まった糸魚川のヒスイ文化は世界最古のひとつと考えられるようになりました。

では、人々を魅了するヒスイとはどんな石なのでしょう。ヒスイは、おもにヒスイ輝石という鉱物からできた非常に硬い岩石で、ヒスイ輝石はナトリウム、アルミニウム、ケイ素、酸素といった地球上に多く存在する元素でできています。ところが、このヒスイ輝石を産出する場所は、世界的に限られています。それは、ヒスイが誕生するしくみに関係しています。

ヒスイ輝石は、海洋プレートが大陸プレートへ沈み込む「沈み込み帯」の地中深くでつくられる変成岩のひとつで、低温高圧という特殊な条件下でのみ生成されます。そして、約5億年前、大陸だった糸魚川付近の地下にはプレートが沈み込んでおり、そこでヒスイがつくられたと考えられています。糸魚川のヒスイは、青海川、姫川、小滝川のほか、糸魚川市から富山県東端部（朝日町）で見つけることができます。見つかる場所の近くには、蛇紋岩《じゃもんがん》という岩石が必ず分布しています。蛇紋岩は、マントルを構成するカンラン岩が、沈み込んできた海洋プレートから出された水と反応して変質したものです。比重がカンラン岩よりも小さいため、蛇紋岩は浮力によって地中を上昇します。このときさまざまな岩石とともにヒスイも取り込まれます。これに、大陸プレートが海側へのし上げられる運動が加わって、ヒスイは地表近くへ運ばれてきたのです。

糸魚川エリアではほかに、本州の中部を南北に走る大きな溝「フォッサマグナ」の西端を「フォッサマグナパーク」で見ることができます。糸魚川―静岡構造線という大断層（総延長約250km）が走り、そこでは、断層破砕帯を挟み約1600万年前の岩石と約4億年前の古い岩石が接しています。フォッサマグナの成因は定かではありませんが、約2000万年前、日本海と太平洋をつなぐ海だったところへ土砂などが厚く堆積し、そこへ南からプレートに乗ってやってきた火山島（関東山地、丹沢、伊豆）が衝突。こうして起こった急激で大規模な地殻変動により、フォッサマグナが生まれたとする考え方があります。

■フォッサマグナの範囲イメージ

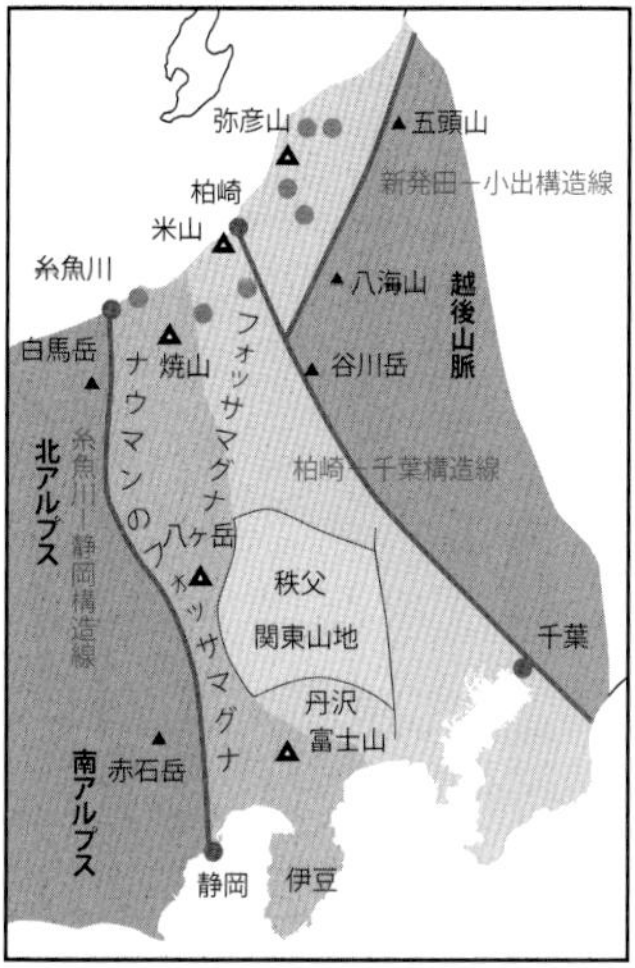

現在、糸魚川 - 静岡構造線を西縁として、新発田 - 小出構造線および柏崎 - 千葉構造線に囲まれた地域がフォッサマグナと考えられています。
出典：フォッサマグナミュージアム HP

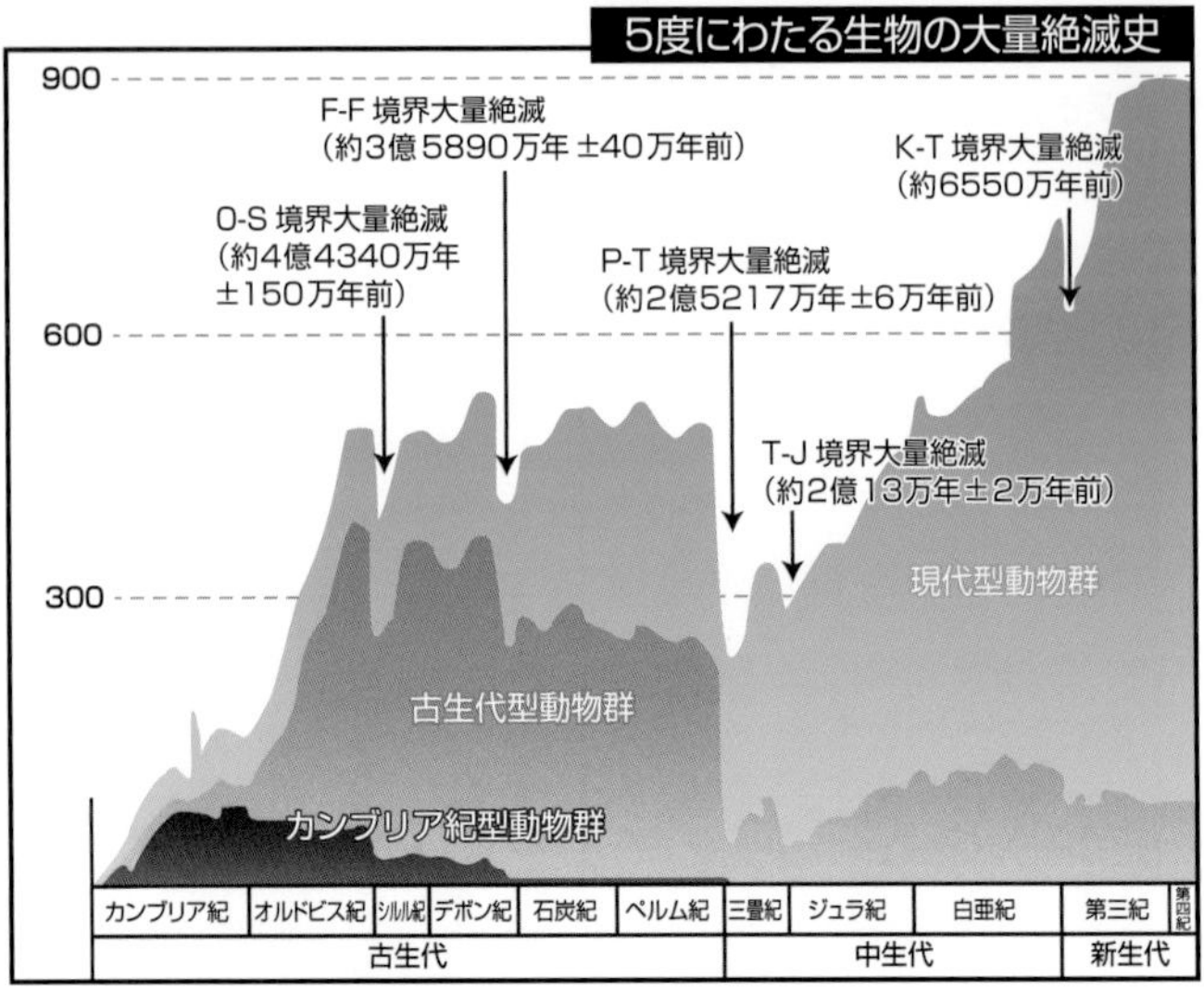

※縦軸は「海洋生物の科の数」、横軸は「地質年代」。

大量絶滅と地質年代

顕生代（約5億4200万年前～現代）には、5度の生物大量絶滅（ビッグ5）が起こっています（上記グラフ参照）。

このなかで、地球史上最大の「P-T境界大量絶滅」では、海の無脊椎《むせきつい》動物のじつに96%もの種が姿を消しました。具体的には、三葉虫、フズリナ、ウミユリなどが絶滅。海ではサンゴ、腕足類、二枚貝、アンモナイトが、陸上では昆虫類も数種を残して姿を消しています。しかし、生き延びた生物により再編成され、三畳紀には現存する多くの生物に進化していきました。

化石によって区切られた地質年代の区分は、生物の繁栄と絶滅の記録です。大量絶滅は、次の時代の生命を生み出す役割を担ってきたのです。

ビッグ5のほかにも、原生代末（約5億4100万年前）にエディアカラ動物群が絶滅、カンブリア期末（約4億8540万年前）には三葉虫や腕足動物が大量に死滅するなど、幾度かの生物絶滅事件が起きています。

序章
宇宙の創成

誕生直後のインフレーションとビッグバン

宇宙はどのようにして生まれたのでしょうか。近年、アメリカのアラン・グース博士と日本の佐藤勝彦博士がそれぞれに提唱した「インフレーション理論」によって、宇宙誕生の瞬間の描像が明らかにされています。

1929年、アメリカの天文学者エドウィン・ハッブルは、遠方にある銀河ほど速い速度で遠ざかっている事実、つまり、宇宙が膨張していることを観測により突き止めました。こうして、宇宙の空間は有限であること、さらには宇宙の年齢が示されたのです。

そしてこれは、現在の宇宙で見られる無数の天体をつくり出すためのエネルギーが、狭小の空間に集まっていたことを意味します。この「ハッブルの膨張宇宙論」を受けて、1948年、アメリカの物理学者ジョージ・ガモフは、宇宙は誕生時、超高温、超高圧の火の玉のような状態だったという説を発表します。これが、ガモフの「火の玉宇宙論」で、のちの「ビックバン宇宙論」のもととなりました。しかし、このガモフの考えは、まるでデタラメだと周囲から酷評されます。ビッグバンという名も、「デタラメなほら吹きのような理論」という皮肉な意味でつけられていたのです。

ところがその後、ガモフがその存在を予言していた「宇宙背景放射」（36ページ）が実際に観測され、ビッグバンが起きていた証拠が得られました。しかし「火の玉宇宙論」は、「宇宙に始まりがあり、ビッグバンが起きたのなら、宇宙背景放射は地平線の決まった方向からくるはずなのに、あらゆる方向からくるのはおかしい（地平線問題）」「宇宙がどこも同じような構造をしている理由を説明できない（平坦問題）」など、大きな問題点を抱えていました。こうした問題を一気に解決して、宇宙誕生時を説明できてしまうのが先のインフレーション理論です。

インフレーション理論によれば、「無」から生まれた宇宙は素粒子よりもはるかに小さかったにもかかわらず、高い真空のエネルギーをもっていたというのです。この「無」がキーワードで、誕生直後の宇宙は空っぽのように見えて、じつは物理的な実体をもっている空間自体が、エネルギーをもっていたと考えます。この真空のエネルギーをもとにして、宇宙はインフレーションという指数関数的に広がっていく急激な膨張をし、そのあとビッグバンが起こった、と説明するのがインフレーション宇宙論です。

宇宙は138億年前に生まれた!?

宇宙は誕生直後に加速膨張（インフレーション）し、ビッグバンを起こします。その後は現在まで膨張を続け、宇宙は空間をどんどん広げていきました。

そもそも宇宙はいつ頃誕生したのでしょう。

ビッグバンによって1兆℃の1億倍という「火の玉」のようになった宇宙は、空間を広げながら徐々に冷えていきました。誕生から1万分の1秒後には約1兆℃まで下がり、自由に飛び回っていた素粒子（クォーク）が集まって陽子や中性子などの核子をつくります。そして誕生から3分後、宇宙が約10億℃まで冷えると、陽子と中性子が結合して水素、重水素、ヘリウム、リチウム、ベリリウムといった軽い元素がつくられました。

誕生3分後の宇宙はまだまだ高温で、原子核はすぐに壊れてしまい、安定して存在することはできません。この状況に終止符が打たれたのは、誕生から約38万年後、宇宙の温度が約3000℃にまで下がったときです。陽子と電子が結びついて、水素原子が次々と誕生し、それまで雲のように光の進路を妨げていたプラズマ状態の空間がなくなったことで、光は遠くまでいけるようになりました。これは文字どおり、立ちこめていた雲が一気に晴れたような劇的な変化で、「宇宙の晴れ上がり」といわれています。

宇宙の晴れ上がりによりまっすぐ進めるようになった光は「宇宙背景放射」と呼ばれ、その後の宇宙膨張の影響を受けて波長が引き延ばされ、絶対温度2・7K（約マイナス270℃）をピークとする波長7・35㎝のマイクロ波という電波になって地球に届いています。この宇宙背景放射は、全宇宙でほぼ均一に広がっていますが、精密に観測したところ、エネルギーに10万分の1程度のムラがあることがわかりました。そして、このムラを分析すると、宇宙の年齢がわかるようになったのです。

2013年4月、ESA（欧州宇宙機関）の観測衛星プランクの観測結果により、宇宙は約138億歳であること、すなわち約138億年前に誕生したことがわかりました。

さらに、宇宙の密度パラメータを分析することによって、わたしたちの宇宙はこのまま膨張し続けるのか、それとも膨張は止まってしまうのか、あるいは逆に収縮に向かうのかを知ることができると期待されています。

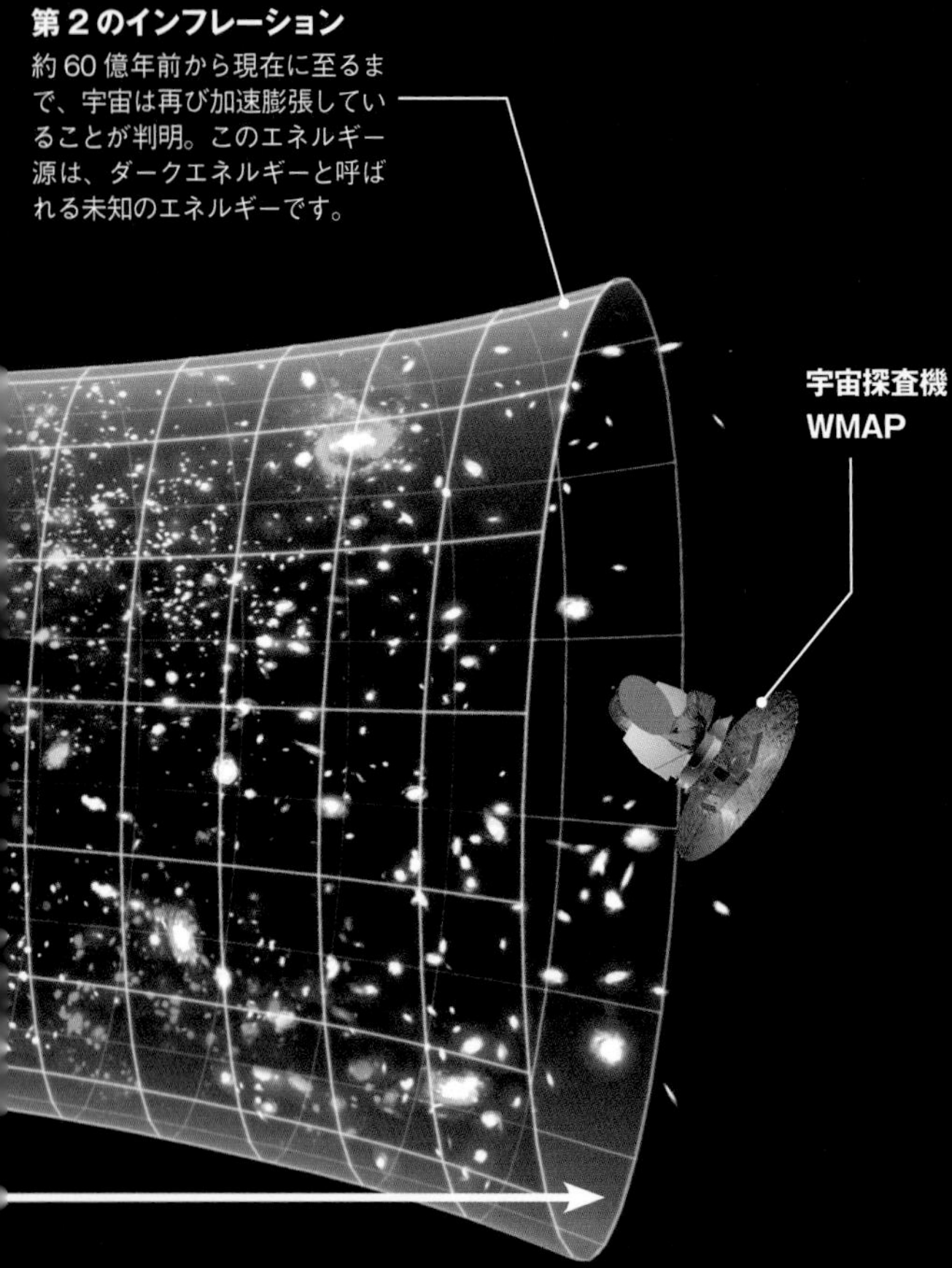
第２のインフレーション
約60億年前から現在に至るまで、宇宙は再び加速膨張していることが判明。このエネルギー源は、ダークエネルギーと呼ばれる未知のエネルギーです。
宇宙探査機
WMAP

宇宙の歴史

NASAの宇宙探査機WMAP（ウィルキンソン・マイクロ波異方性探査機）がとらえた宇宙マイクロ波背景放射による全天マップなどを加工し、誕生から現在に至る宇宙のタイムラインをイメージした図。右が現在。

約38万年後
宇宙の晴れ上がり
水素やヘリウムといった原子が安定して存在できるようになります。

宇宙の暗黒時代
「宇宙の晴れ上がり」以降、ビッグバンで生まれた光は膨張する宇宙のなかでエネルギーを低下されていく。新たな光も生まれてこなかったため、宇宙全体が暗くなっていたこの時期を「宇宙の暗黒時代」といいます。

ビッグバン

宇宙の創成

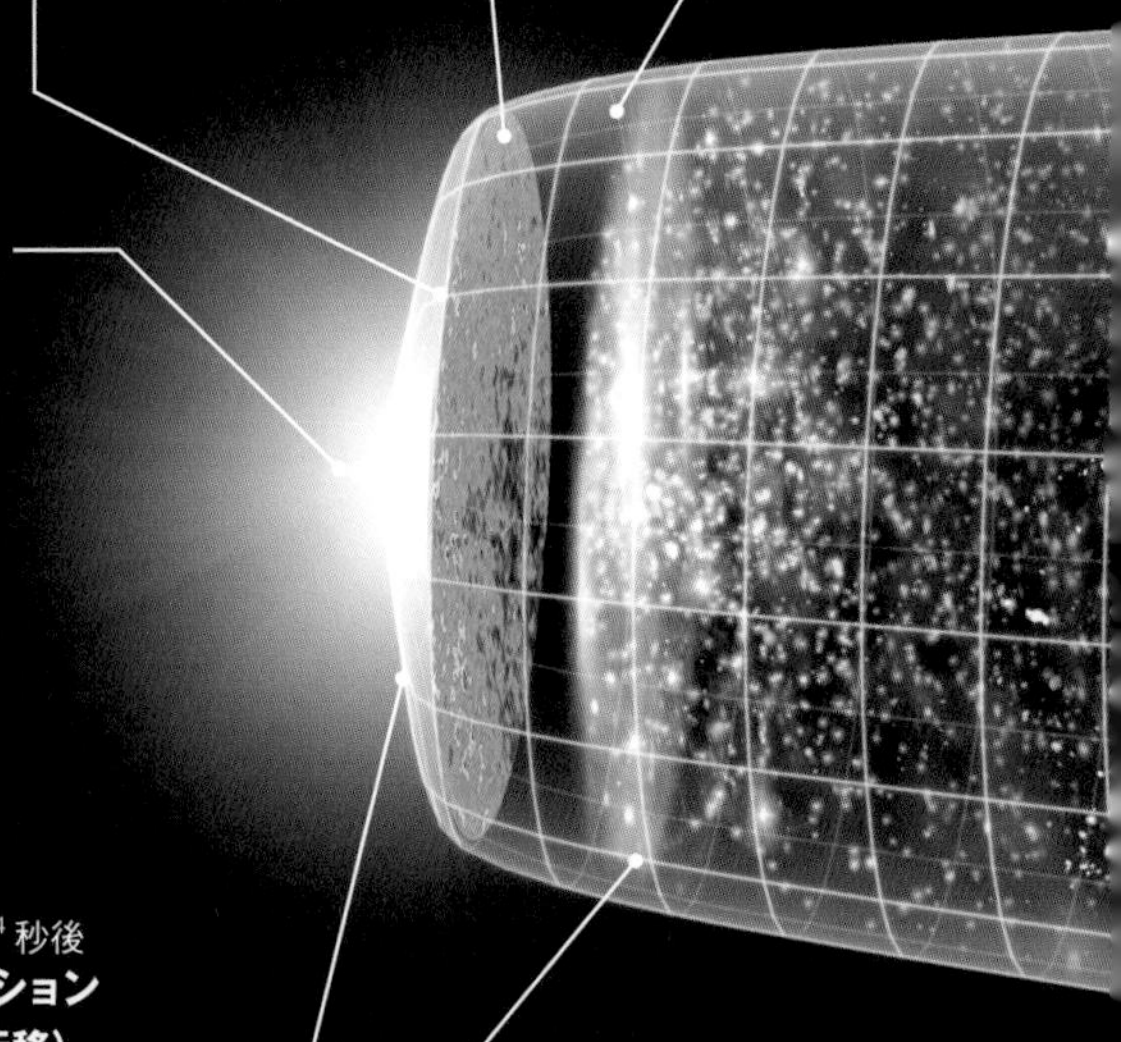

10^{-36} 〜 10^{-34} 秒後
インフレーション（真空の相転移）
「無」から生まれた宇宙は、その時点で高いエネルギーをもち、それをもとに宇宙は爆発的に加速膨張（インフレーション）しました。

ビッグバンによる膨張（138億年）

ファーストスター誕生
宇宙誕生から約3億年後、最初の星が誕生しました。

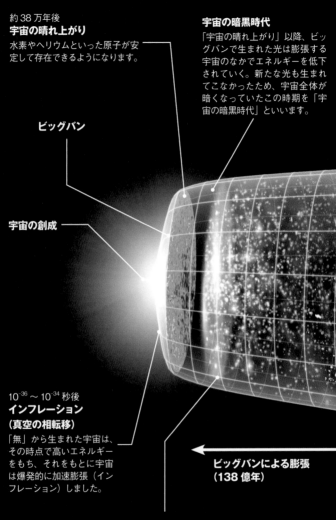

宇宙は何で満たされているのか？

星が数千億個集まって形成される渦巻き銀河は、中心のバルジに質量が集中し、外側ほど星や水素のガス密度が低下しています。このことから、銀河の回転速度は、外側ほど大きく減衰するはずですが、実際の観測では、あまり低下していないことが判明しました。

これは、暗くて観測できない物質が外側に存在しているからだと考えられています。この目に見えない質量をもった物質は、ダークマター（暗黒物質）と呼ばれています。

宇宙はいったい、どんなものでできているのでしょう。夜空に輝く星々や銀河、ブラックホールなどが無数に連なっているのでしょうか。確かに、宇宙には果てしないほどの数の天体があります。これらの目に見えるすべての物質は、原子核と電子からなる原子で形成され、原子核は陽子と中性子からできています。さらに、陽子と中性子は、いずれも3つのクォークと呼ばれる素粒子でつくられています。つまり、宇宙にあるさまざまな物質は、核子やクォークなどの素粒子でできているのです。

■宇宙の構成

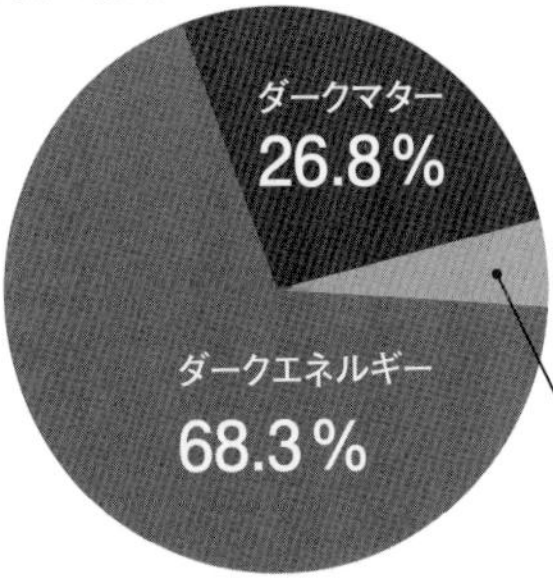

2013年3月、プランク宇宙望遠鏡の観測結果よって得られた宇宙の構成。これまで22.7％ほどとされていたダークマターが増え、いっぽうで72.8％ほどとされていたダークエネルギーの割合が減少しました。

ところが、星やチリ、原子や素粒子などの物質は、宇宙にわずか5％ほどしか存在しないことが、2013年4月、ESAの観測衛星プランクによる宇宙背景放射の観測データの分析により明らかになりました。ふつうの物質は4・9％にとどまり、26・8％がダークマター（暗黒物質）、68・3％がダークエネルギー（暗黒エネルギー）であることがわかったのです。宇宙は、銀河の回転を支えているようなダークマターが宇宙の隅々で重力場を形成し、宇宙を膨張させる力をもったダークエネルギーに満ちているのです。ところで、ダークマターそのものは、存在を示唆する観測データこそ増えているものの正体は不明で、現在の理論にはなかった非常に重たい粒子ではないかと考えられています。いっぽうのダークエネルギーは、宇宙膨張やインフレーション、第2のインフレーションにも深く関係していると思われますが、正体はまるでわかっていません。

ハッブル宇宙望遠鏡がとらえた、ほうおう座方向、97 億光年彼方にある巨大銀河団エルゴルド（ACT-CL J0102-4915）。ふたつの巨大銀河団が衝突、合体したエルゴルドの総質量は、天の川銀河の約 3000 倍です。その多くを、銀河間の高温ガスやダークマターが占めています。

ハッブル宇宙望遠鏡ががとらえた約 132 億光年彼方の深宇宙、ハッブル・ウルトラ・ディープ・フィールド（HUDF）と呼ばれる領域。青が紫外線、赤が赤外線、緑が赤外線と可視光での観測データ。ここには 1 万個もの銀河が写し出されています。

オリオン座の中央付近、星が横に3つ並んでいる部分（三ツ星）の南に位置するオリオン大星雲（M42、NGC1976）。盛んに新しい星が誕生する、星形成領域です。

▶地球46億年の歴史

時代	年前	月	できごと
先カンブリア時代	46億	1	1月1日 地球の誕生
	44.5億		1月11日 月の誕生
	40億	2	2月17日 生命の誕生
	35億	3	3月29日 最古の化石発見
		4	
	28億	5	5月22日 地磁気形成
	27億	6	6月1日 ラン藻類大発生
	22億	7	7月10日 真核生物の出現
	18億	8	8月11日 ヌーナ大陸の分裂
		9	
		10	
	6億		11月12日 全球凍結
古生代	5.4億	11	11月18日 生命のビッグバン、バージェス動物群
中生代			
新生代	6550万	12	
現在			

5.4億年前
11月18日
古生代

4億年前
11月29日
両生類誕生

古生代の環境

2.5億年前
12月12日
中生代
恐竜時代

12月19日
鳥類誕生

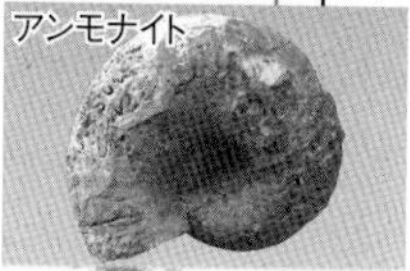

中生代の環境

6550年前
12月25日
新生代

480万年前
12月31日
14時51分
猿人類の誕生

16万年前
12月31日
23時41分
新人類誕生

新生代の環境

第1章 太陽系と地球の誕生

© NASA

46億年前に誕生した、原始太陽を取り巻く回転円盤のイメージ。原始太陽の周囲にあるガスやチリは、原始太陽の周りを回転しながら中心に集まり、上下方向にジェットを噴き出しています。
© NASA/JPL-Caltech

46億年前

名もない星の最期と太陽系の始まり

大きな質量をもつ星が生涯を終える際には、超新星爆発という大爆発を起こします。このとき、星をつくっていた大量の水素と核融合で合成されたヘリウム、炭素、酸素、マグネシウム、鉄などの元素が宇宙空間に放出され惑星状星雲ができ、その中心には中性子星やブラックホールがつくられます。

放出された星間ガスのなかには、爆発の瞬間にできた鉄よりも重い金やウランなどすべての元素が含まれています。こうして、多くの元素が混ざった水素ガスができ、これが寄り集まってできた銀河系内の分子雲のなかで太陽は形成されたのです。

分子雲のなかでとくに密度が高いところに周囲のガスが集まり、回転を始めます。ガスは回転円盤の中心に供給され、やがて上下方向にジェット（ガスとチリの流れ）が吹き出し、原始太陽が誕生します。その後、中心部はしだいに高温・高圧の状態になっていき、中心温度が約1000万℃以上になるとジェットの吹き出しはなくなり、水素の核融合反応が起きて太陽が誕生したのです。

いっぽう、回転円盤のなかのガスが徐々に冷えてくると、たくさんのチリができ、それが寄り集まった塊が衝突・合体して直径数㎞〜10㎞ほどの微惑星が生まれます。微惑星はさらに衝突と合体を繰り返して、もっと大きな原始惑星へと成長していきます。

誕生した太陽から吹き出す太陽風によって、太陽周辺の星間ガスは吹き飛ばされ、火星までの惑星は岩石と金属からできた地球型惑星となり、それよりも遠い木星以遠の惑星は、星間ガスを惑星の大気に取り込んで、巨大ガス惑星、巨大氷惑星となりました。こうして生まれたのが、わたしたちの太陽系なのです。

では、なぜ太陽系が誕生したのが46億年前とわかるのでしょうか。それは、おもに隕石《いんせき》の生成年代を調べることでわかります。

熱による変成を受けていないコンドライトという隕石は、太陽系ができた頃のチリが集まってできた岩石だと考えられています。「ウラン・鉛年代測定法」という方法で隕石の年代を調べると、それは46億年前にできたものだとわかりました。それよりも古い隕石は発見されていないため、太陽系の誕生は46億年前だと考えられているのです。

誕生したばかりの地球には、微惑星やおびただしい数の隕石が落下し、その衝突でエネルギーが解放され、地表は溶けたマグマで覆われマグマオーシャンの世界が広がっていました。また、マグマから放出されたガスで原始大気がつくられました。

ドロドロで真っ赤な原始地球

46億年前、誕生したばかりの地球は、ドロドロに溶けたマグマの海（マグマオーシャン）に覆われていました。原始太陽系円盤のなかで微惑星の衝突と合体によって、しだいに大きくなり原始地球が形成されていきます。原始地球には次々と微惑星が落下、衝突していました。そのエネルギーが熱となり、地球は超高温の世界になっていたのです。

微惑星に含まれていた水酸化物が熱で分解され、マグマオーシャンからは大量の水蒸気が放出されて、地球の原始大気がつくられました。水蒸気の大気による温室効果で、原始地球の気温は高く、地表は岩石が溶け出す温度（融点）を超え、表面は溶けてできたマグマに覆われていました。これがマグマオーシャンです。

「マグマオーシャン仮説」が唱えられるようになったのは、１９６０～１９７０年代、アメリカのアポロ宇宙船や旧ソ連のルナ探査機によって４００kg近い月の岩石のサンプルが持ち帰られ、月の起源や進化について研究が飛躍的に進んでからのことです。

地球から月を見たとき、白く輝いているのが「高地」と呼ばれる領域で、そこは深さ数10㎞の斜長岩でできています。いっぽう、暗く見える「海」と呼ばれる領域は、黒っぽい玄武岩が、大きなクレーターを埋めるようにしてできています。これらの月の岩石の特徴は、月が「誕生直後に数100㎞の深さまで完全に液体だった時期がある」と考えると、うまく説明できます。いっぽうで、地球と月は同じ時期にできたと考えられています。それならば、誕生したばかりの地球も、マグマオーシャンに覆われていたのではないだろうか？　これが、「地球も誕生直後にマグマオーシャンに覆われていた」という説が唱えられるきっかけとなりました。

地球に残っている最古の物質は、オーストラリア西部で見つかった「冥王代ジルコン」の約44億年前の鉱物で、マグマオーシャンだった頃の直接的な証拠はまだ見つかっていません。

原始地球の内部では、微惑星や隕石に含まれていた鉄やニッケルなどの重い物質が地球の中心に沈んで核になりました。同時に、ケイ酸塩鉱物などの軽い物質がマントルや地殻になり、地球内部の層構造が形成されていきました。このときの地球はマグマオーシャンで、内部もドロドロに溶けていたと考えられています。

NASAによるジャイアント・インパクトのイメージ。約45億年前、誕生間近の原始地球に火星サイズの原始惑星が衝突、両方の惑星から飛び散った物質から月ができたと考えられています。

月の誕生——ジャイアント・インパクト

44億5000万年ほど前に誕生した月の起源については、これまでいくつかの説が唱えられてきました。月は地球とは別のところで誕生し、地球の近くを通過したときに地球の引力に捕らえられたという「捕獲説」。誕生したばかりの地球が速く自転していたため、マントルの一部が分離して月になったという「親子説」。月は原始地球といっしょに誕生し、ともに成長してきたという「兄弟説」……などです。

いっぽうで、月には次のような特徴があることがわかっています。

①月は、ほかの惑星の衛星と比較すると大きくて（地球半径の4分の1）、遠く（38万㎞離れている）を比較的速い速度で公転している。

②月と地球は、ほぼ同じ材料でできている。

③月は地球に比べて水やナトリウム、カリウム、亜鉛、鉛などの揮発性物質（蒸発しやすい物質）が極端に少ない。

④月には地球のように大きな金属の核がない。
⑤形成直後の月面は、溶けたマグマに覆われていた。

これらの月の特徴（条件）から、月の起源として最有力視されているのが、ジャイアント・インパクト（巨大衝突）説と呼ばれるものです。この説によれば、地球に火星サイズの原始惑星（テイアと呼ばれる）が斜めに衝突。そのとき飛び散った地球のマントル部分の一部と衝突した天体が合体して現在の月になったというのです。

では、地球とテイアの衝突を再現したコンピュータ・シミュレーションを見てみましょう。まず、テイアが地球に衝突し、飛び散った地球のマントル物質が溶けて円盤状に地球を取り巻きます。このとき、残りの物質は、地球の重力に引き寄せられて落下。次いで、円盤状に地球を取り巻いているマントル物質の破片は、衝突エネルギーによって砕けた高温状態の物質で衝突と合体を繰り返し、やがて成長して月になった……というシナリオです。

この説では、形成初期の月はドロドロに溶けていて、表面はマグマオーシャンになっています。そして時間が経って冷えていくにしたがい、軽い斜長石が浮き上がってきて固まり、月の「高地」と呼ばれる領域になったと考えられているのです。

インド・デカン高原の西端、西海岸沿いにそびえる険峻の西ガーツ山脈。デカン高原には、デカントラップと呼ばれる、約6600万年前（中生代の白亜紀末期）に起こった火山噴火の痕跡である厚さ2000 mにもおよぶ洪水玄武岩でできた溶岩台地が広がっています。

地球質量の98％を占める6元素

地球を構成している元素のなかで、とくに岩石の組成に大きな影響力をもっているのが酸素、ケイ素、アルミニウム、マグネシウム、カルシウム、鉄の6つの元素です。そして、この6元素は、地球の質量の約98％を占めています。この割合は、同じ岩石型惑星の水星や金星、火星でも同じです。

酸素は、地球の地殻、マントルにもっとも多く含まれている元素で、その多くは岩石中に酸化物、ケイ酸塩、炭酸塩などとして存在しています。「元素」という視点でいうと、岩石の半分以上は酸素からできており、酸素は地球のような岩石型惑星を調べるうえで、非常に重要な要素になっています。

ケイ素は、地球上では3番目に、地殻では2番目に多く含まれている元素です。酸素と結びついたケイ酸塩として地殻に大量に存在し、鉱物や岩石の主成分になっています。

アルミニウムは、地殻の構成元素としては酸素、ケイ素に次いで多く、ケイ酸塩のケイ素の一部がアルミニウムと置き替わったアルミノケイ酸塩は、長石、石英、斜長石、アルカリ長石などの岩石に含まれる成分となっています。

これらケイ酸とアルミニウムを多く含む鉱物は、鉄やマグネシウムを多く含んだ黒い玄武岩やハンレイ岩よりも軽く、無色あるいは白っぽいものが多く見られます。

鉄は地球上で2番目に多い元素ですが、地表近くにはあまり多くは存在しません。鉄は核の主成分であり、その90%超を占めています。

鉄とマグネシウムを含んだカンラン石のうち、マグネシウムを多く含んだものを苦土《くど》カンラン石、鉄を多く含んだものを鉄カンラン石といいます。苦土カンラン石は、たいていは緑色をしていますが、鉄の量が増えると緑色が濃くなります。いっぽうの鉄カンラン石は、暗褐色や黒っぽい色をしています。

カンラン石が含まれている岩石には、玄武岩やハンレイ岩などがあり、どちらもケイ酸成分が少ないマグマが冷えてできた火成岩です。

玄武岩は、ケイ酸成分が少ないマグマが地表付近で急に冷えて固まった火山岩で、ハンレイ岩は地下深くで、ゆっくりと冷えて固まった深成岩です。

カナダ・ニューファンドランド島にあるグロスモーン国立公園。約 4 億 2000 万年前、当時あった 3 大陸（ローレンシア・アボロニア・バルディカ）が衝突したことで、そのあいだにあったイアペタス海が消失しました。そのときの衝突によって乗り上げた海洋底地殻の玄武岩や上部マントルを構成していたカンラン岩、海底に堆積していた岩石が地表に現れています。

放射による冷却と岩石の生成

地球の最初の地表は、どのようにしてできたのでしょうか。
現在考えられているシナリオは、次のようなものです。
①微惑星が衝突する頻度が減ると、熱が宇宙空間に放射され、原始地球の表面は徐々に冷えていく。マグマオーシャンになっていた地表が冷えてくると、溶岩が冷えて地表に最初の岩石が形成された。
②地球に衝突した微惑星や隕石の多くはコンドライトで、カンラン石や輝石、斜長石などのケイ酸塩鉱物が主成分である。これらの鉱物は、鉄やニッケルよりも軽いため、溶けたままの状態でマグマオーシャンの上層部に残っていた。
③マグマオーシャンが1500℃以下まで下がると、鉄やマグネシウムを多く含む苦土カンラン石が結晶をつくり始める。この結晶がしだいに大きくなってくると、カンラン石は周りの物質よりも密度が高いためマグマの底へと沈み始める。やがてカンラン石が堆積して大き

な塊（厚い層）を形成する。
④カンラン石の沈殿が続くと、マグマ中のマグネシウムがどんどん減っていき、カルシウムとアルミニウムの濃度が高くなっていく。そのため、表面近くの圧力の低いところでは、カンラン石のほかに、カルシウムとケイ酸アルミニウムでできた白っぽい灰長石ができた。しかし、灰長石は月のようには多くつくられず、マグネシウムを多く含む輝石とカンラン石が混じり合って、大量のカンラン岩（ペリドタイト）ができあがった。

カンラン岩は、黒っぽい緑色をした硬い岩石で、地球で最初にできた岩石のひとつでした。およそ45億年前、地表の表面のあらゆるところでカンラン石が固まり、地球で最初の硬い岩石となり板状の地表を形成したのです。

しかし現在、カンラン岩はそのほとんどが地下深くに存在しており地表ではあまり見られません。その理由は、カンラン岩の密度にあります。カンラン岩は、マグマ中で晶出したほかの鉱物よりも密度が高いため、より地球内部へと沈んでいき、厚いカンラン岩のマントル層ができたと考えられています。こうして、カンラン岩はマントルを構成する主成分になっていったのです。

ハワイ・キラウエア火山の噴火。地下のマグマが液状化して地表に出現、溶岩流となって低地へと流れていく。マグマの成分としては鉄とマグネシウムが多く、二酸化ケイ素（SiO_2）が少ないため、固化すると黒色の玄武岩となります。

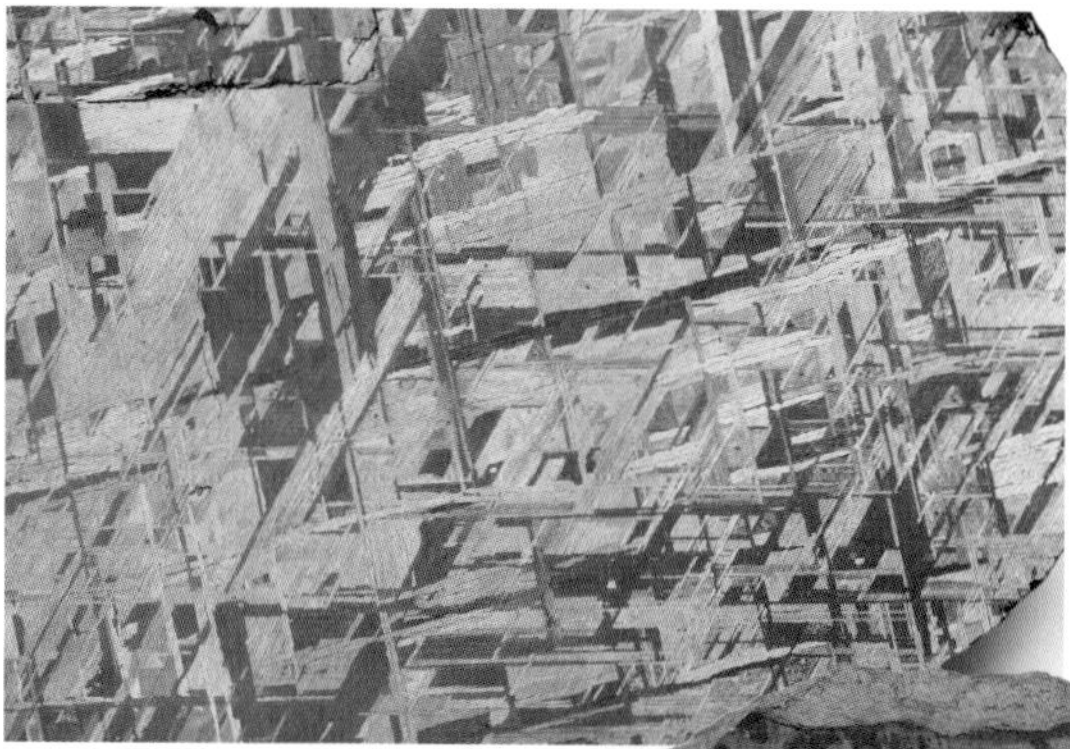

地球中心や内部にある物質を採取することは不可能ですが、隕石を研究することで地球の組成や内部構造、地球の誕生に迫ることができます。上の写真は、鉄とニッケルの合金である鉄隕石。断面を研磨処理することによって、地球の中心核のように、高温高圧状態にあった鉄とニッケルがゆっくり冷却したときに形成される「ウイッドマンシュテッテン構造」が現れています。

金属と石質の割合が半々の石鉄隕石。白い光沢部分が鉄・ニッケルの金属、黒い部分が地球に落下したあとでカンラン石が変質してできた蛇紋岩。地球ではマントルと外核との境界付近に存在する物質です。

■ 地球の内部構造

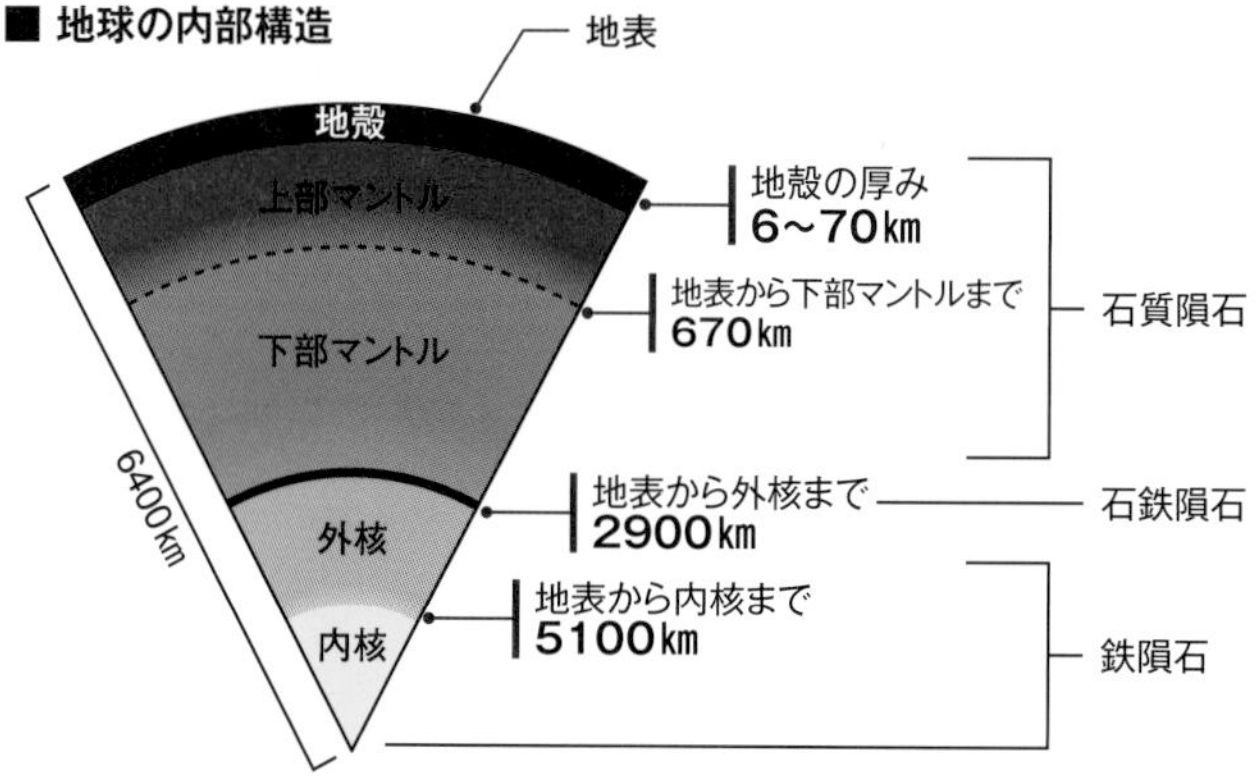

地球の3層構造と化学組成

地震波の解析などから、地球の内部は、地殻、マントル（固体）、核（コア）の3層に分かれていて、コアは外核（液体）、内核（固体）の2層に分かれていることがわかっています。

地殻は、地球表面を形成している岩石の層で、厚さは陸地で30～60㎞、海底では6㎞ほどとされています。地球の半径は約6400㎞なので、地殻はまさに薄膜のようなものです。そして、海洋底地殻は玄武岩で、大陸地殻はおもに花崗岩《かこうがん》でできています。

地殻とマントルの最上部のあいだにある厚さ100㎞ほどの岩盤がプレートで、リソスフェアと呼ばれる硬い岩でできています。リソスフェアは数枚のプレートに分かれて地球の表面を覆っており、リソスフェアの下には、アセノスフェアという軟らかくて流動性のある岩の層があります

地殻の下から、深さ約2900㎞までの厚い岩石の層がマントルです。マントルは、深さ

660㎞にあるアセノスフェアの下部を境にして、「上部マントル」と「下部マントル」の大きく2つに分けられています。また、マントルは、同じカンラン石や輝石からなるカンラン岩でできていますが、最近の研究では、深くなると温度、密度、圧力が上昇して相転移を起こすと考えられています。

具体的には、深さ410㎞でカンラン石α相、440㎞で変形スピネル相、520㎞でスピネル相、660㎞ではペロブスカイト相、2700㎞でポストペロブスカイト相にそれぞれ相転移します。マントル構成物質は、それぞれの相で、高圧で安定的な結晶構造をもつ鉱物になることがわかりました。また、下部マントルの物質の化学組成がわかったことで、地球全体を構成している物質の化学組成も推定できます。その結果、地球を形づくった物質の組成は、太陽系初期の状態を残していると考えられている隕石（数%の炭素や水を含む炭素質隕石=C1コンドライト）に非常に似ていることが明らかになりました。

コアは鉄とニッケルを主成分としています。そのうち外核は、厚さ2200㎞の層であり、3000℃もの高温です。そのため、鉄やニッケルは溶けて液体になっています。内核は、地球の中心部分で半径1300㎞ほど。こちらの温度は6000℃と外核よりも高いのですが、非常に高い圧力のために固体となっています。

海が生まれた3つのシナリオ

現在の地球表面の約70%は海で、地球は太陽系で唯一、表面に液体の水が存在する惑星です。太陽のような恒星の周囲を回る惑星の表面に、水が液体で存在する温度になる領域をハビタブルゾーン（生命居住可能領域）といいます。そして、太陽系でハビタブルゾーンにあるのは地球だけです。水星や金星は太陽に近すぎて水は蒸発して水蒸気になってしまうし、火星では水は極冠《きょっかん》や地下にあり、氷として存在しています。

現在、「第二の地球探し」と題した、生命が存在可能な太陽系外惑星探しが盛んで、候補となるハビタブル惑星がいくつか見つかっています。しかし、そのすべてに海が存在するわけではありません。

地球誕生から間もない頃、少なくとも38億年前には地球に海ができていました。これは太古の海のイメージ。

地球のような豊富な海の水が、必ずあるとはかぎらないからです。では、地球の水はどこからきたのかを考えてみましょう。

　誕生したばかりの地球は熱すぎて、表面に液体の水を保持できませんでした。しかし、地質学的な証拠から、少なくとも38億年前には地球に安定した海が存在していたことがわかっています。他方で、西オーストラリアのマーチソン地方の30億年前の堆積岩（礫岩）中に、44億年前につくられた「ジルコン」という鉱物（ケイ酸塩鉱物の一種）の粒子が見つかりました。このジルコンは、現在、地球で見つかっている最古の物質です。またジルコンは、マグマが冷える過程で晶出してできるので、44億年前の地表には地殻が形成されていて、火山活動があったことがわかります。さらに、このジルコンの化学成分をくわしく調べた結果、当時の地球はこれまで考えられていたよりも気温が低く、液体の水が存在し得る環境だったと考えられるようになりました。これが事実だとすれば、地球誕生直後の44億年前には、地球に海が存在していた可能性があることになります。

では、いったい地球の水はどこからきたのでしょうか。判然とはしませんが、現在考えられている3つの水の起源を紹介しましょう。

①水は元来、地球を形成した微惑星に含まれていた。超高速で原始地球に衝突した微惑星が蒸発して水蒸気になり、二酸化炭素などとともに原始の大気となった。やがて微惑星衝突の頻度が減ると、地表は冷え始め、やがて地殻ができ、水蒸気は凝結して雨となって降り注ぎ、海になった。

②原始地球が大きく成長したとき、原始太陽系円盤にはまだ水素ガスが豊富にあった。そこから取りこんだ水素ガスが、マグマオーシャンに含まれていた酸素と結合して水ができた。

「水」を含有した小惑星が地球へ衝突したイメージ。©NASA

③地球が大きく成長したあとで、水を含んだ彗星《すいせい》のような小天体が地球に落下し、地球の外から直接的に水が供給された。海の水の質量は、地球全体の質量の0・0023%にすぎない。水を含む小天体が地球に落下すれば、海の水を供給するには十分のはずだ。

近年、ハーシェル宇宙望遠鏡でハートレー彗星のコマ（核から噴き出したガスが核を包み込んで明るく輝いている部分）を観測したところ、コマの水の水素同位体比が地球の海の値と非常に近いことがわかっています。ハートレー彗星は、エッジワースカイパーベルト（軌道長半径が海王星以遠の小惑星帯）からやってきた彗星だと考えられています。このことから、エッジワースカイパーベルトを起源とする彗星の水が、地球にもたらされたと考えることができます。しかし、地球の水の起源は、この③の説だけではなく、前出した3つの説の組み合わせによってもたらされた、と考えるのが妥当と思われます。

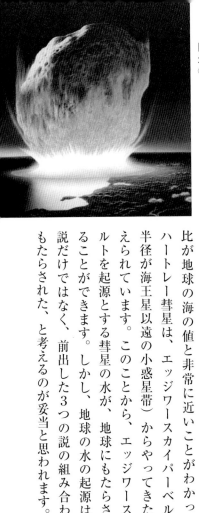

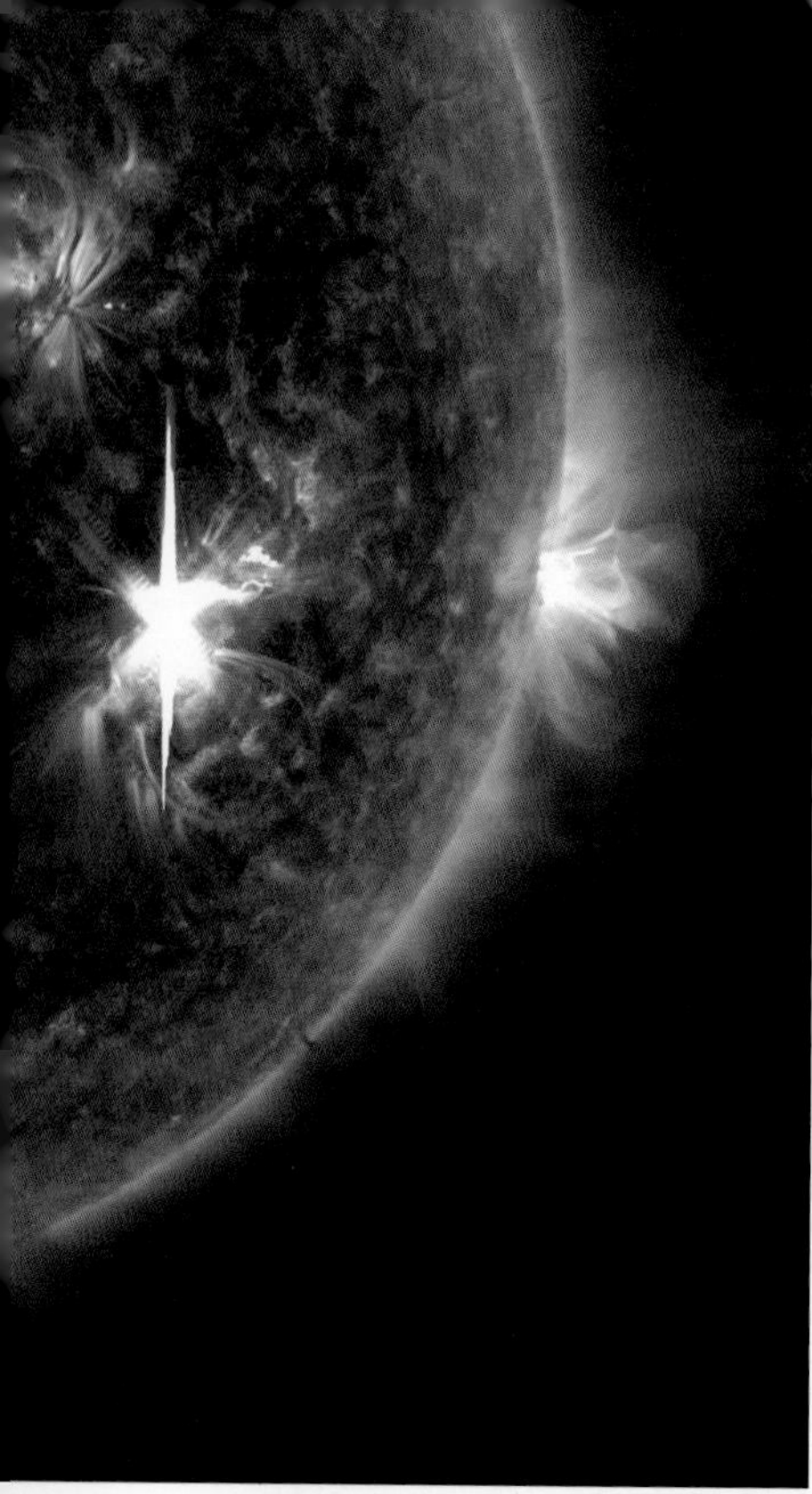

2017年9月6日に太陽観測衛星「SDO」がとらえたX9.3クラスの大規模フレア（右下の明るい部分）。太陽フレアは放出されるエネルギーによって、A、B、C、M、Xの5クラスに分類されます。このなかでXクラスが最強です。
© NASA/GSFC/SDO

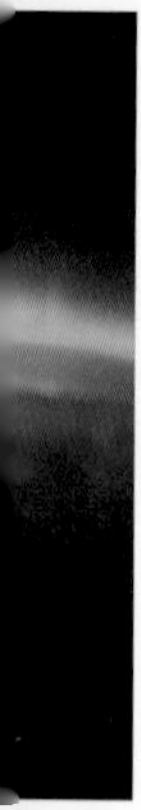

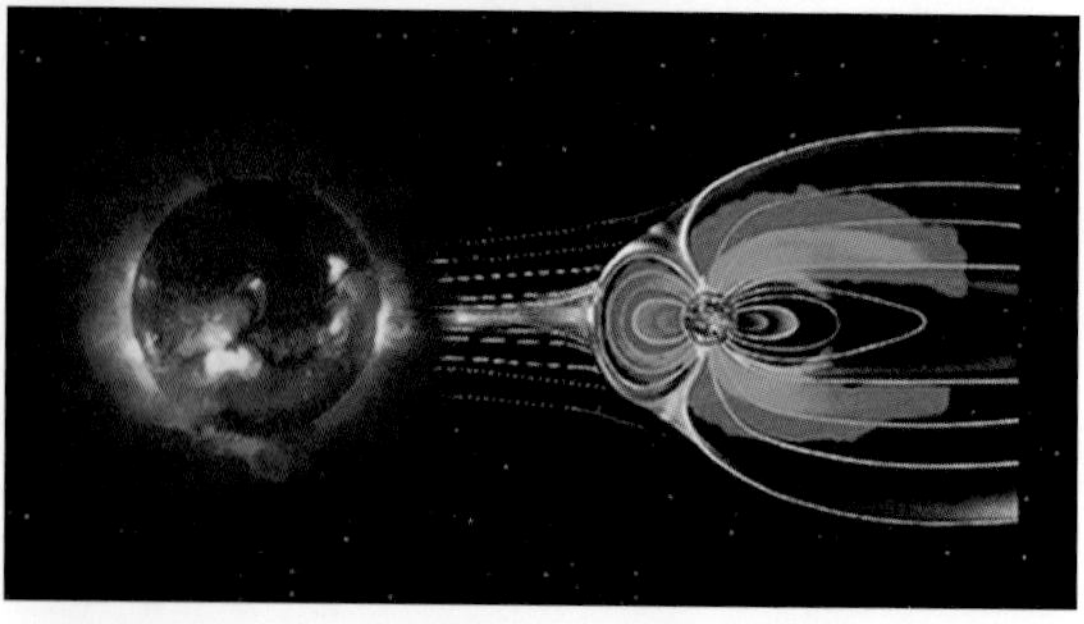

地球の磁気圏（右）が、太陽風（左）の影響で太陽側がつぶれ、反対側に引き伸ばされているイメージ。
© NASA

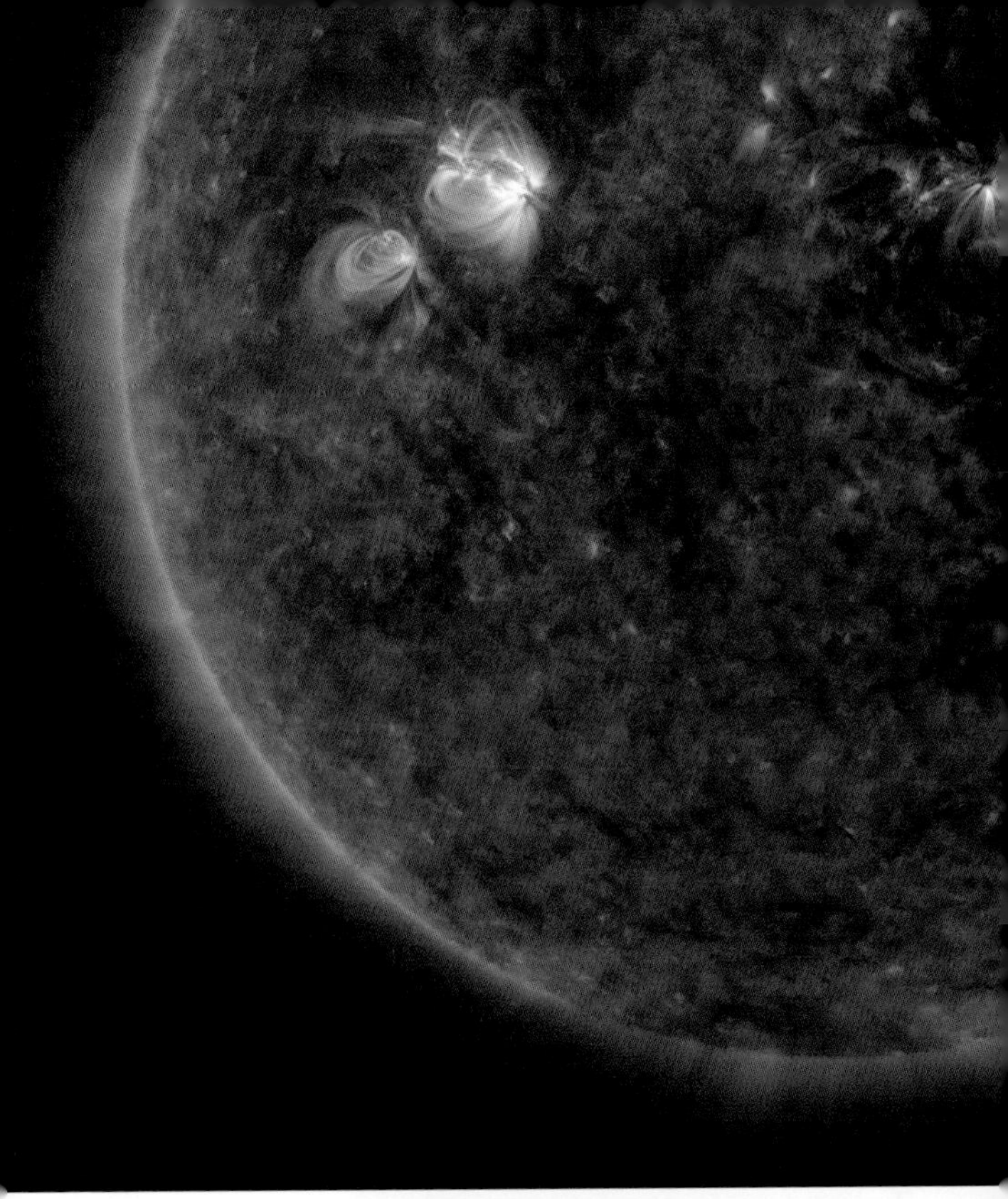

美しいオーロラは、太陽フレアが発生して数日後に高緯度地域で見られることが多い。写真は、国際宇宙ステーション（ISS）から撮影された、カナダのマニトバ州南部ウィニペグ上空にかかるオーロラ。
© NASA

生命維持に必要な地磁気の形成

地球には、おおまかにいって北極付近にS極、南極付近にN極があるような磁場が存在し、これを「地磁気」と呼びます。

原始地球が成長していく過程で、鉄などの重い金属は内部に沈み込み、軽い岩石は浮上していきました。こうして、地球の内部構造が形成される過程で、中心部のコアが液体の外核と固体の内核に分離し始めた頃から、地球には磁場が形成されていったのです。

38億年前の枕状溶岩（丸太や米俵に似た円柱状の溶岩で、海底火山から噴出した溶岩が海水中で急冷されてできたもの）には、残留磁気が観測されています。また、27億年前には、現在のような強い磁気圏がつくられていました。

地球の外核の内側は約6000℃、外側は約4200℃です。この温度の違いで対流が起こり、溶けた液体の鉄が大きくかき混ぜられています。その対流運動によって地球の内部で電流が発生し、磁場がつくり出されるのです。このように磁場が派生、維持される現象を

「ダイナモ（発電機）作用」と呼びます。

太陽から放出される荷電粒子（電気を帯びた粒子）の流れ（プラズマ）である太陽風は、地球の磁場によって形成された磁界により、地表に直接当たることはありません。磁界でつくられる磁気圏が、荷電粒子の侵入を食い止め、太陽風や高エネルギー宇宙線から地球生物の生命を守っているのです。

こうした事実から、もし磁気圏が形成されていなければ、生物が誕生したとしても遺伝子は傷つけられ、生物は進化できなかったことでしょう。

ところで、磁場はいつも同じではありません。京都大学の松山基範博士（1884〜1958年）は、兵庫県の玄武洞の岩石が逆帯磁していることから、「地磁気逆転」を発見しました。

実際のところ、地磁気は数万年〜数十万年の頻度でN極とS極の反転が繰り返し起きていたことは、「大西洋中央海嶺を挟んだ両側の海洋底地殻の帯磁の対称性」からも明らかになっています。そして、地磁気逆転の前後には、地磁気そのものが弱まることも知られています。

スコットランド東部の岬、シッカーポイント。垂直の砂岩層（シルル紀）と緩やかに傾斜した赤色砂岩層（デボン紀）、まったく異なる堆積年代で不整合の地層が見えています。

「近代地質学の祖」
ジェームズ・ハットン
（1726−1797年）

ジェームズ・ハットンは「近代地質学の祖」と称される18世紀のイギリスの地質学者で、「斉一説《せいいつせつ》」の先駆けとなった地球観の提唱者として知られています。

ハットンは、1788年、イギリス・スコットランドのシッカーポイントで「ハットンの不整合」と呼ばれる不連続な地質構造を発見。それが、非常に長い時間をかけた地殻変動で形成された証拠だと考えました。

また、ハットンは、火成論者としても知られており、花崗岩や玄武岩はマグマが冷えて固まったものだとして、地球の年齢が非常に古いことを示しています。

このように、地球の歴史において岩石や山脈を形づくる変化は、長い年月をかけて緩やかに起こったというハットンの地球観は、近代地質学を築く礎となったのです。そして後年、チャールズ・ライエル（176ページ）の手で、ハットンの唱えた理論は「斉一説」として広く知られるようになりました。

第2章 超大陸の誕生

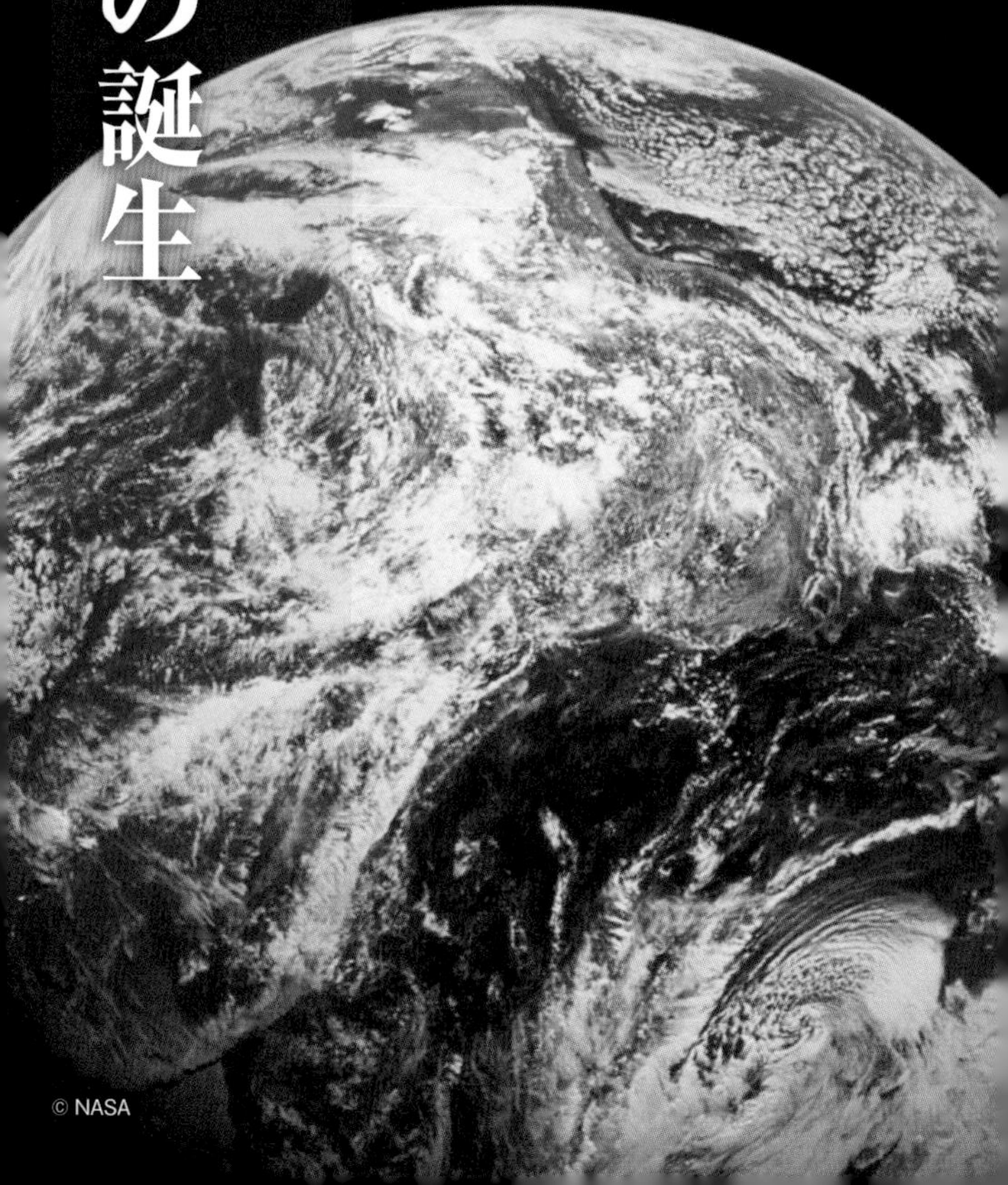

玄武岩から花崗岩の大陸へ

始生代（約40億〜25億年前）は、地殻が初めて地上に現れた時代です。それ以前は、地球のあちこちに固まった岩体は現れていましたが、広大な陸地は誕生していなかったと考えられています。では、陸地はどのようにして生まれたのでしょうか。

そもそも、地球の表面で形成された最初の地殻は、マグマオーシャンが冷えてできた玄武岩でした。約42億年前、地球に最初の大陸が生まれた時代は、地球内部の温度が現在よりも高かったのです。そのため、海水を含んで融点を下げた海洋プレートの玄武岩は、直接溶けてマグマになっていたと考えられています。

また、ホットプルーム（マントル内部に発生する上昇流）の大規模な活動によってマントルが融解、大陸地殻に玄武岩が大量に流出して、大陸規模の溶岩台地が形成されました。こうして、始生代の巨大な火山活動により形成された玄武岩質の大陸ですが、それもやがてプレート運動によって沈み込みます。やがて潜り込んだ地殻が地下で融解してマグマとなり、花崗岩や安山岩からなる大陸地殻ができあがったのです。

現在の地球は、おもに海嶺（海底の裂け目）で形成された海洋地殻と、沈み込み帯（海溝）の背後にできた大陸地殻からなります。海洋地殻は、海底の裂け目から噴き出したマグマが固まった玄武岩で構成されています。大陸地殻は、おもにマグマが冷えて固まった花崗岩とマグマの貫入や火山活動で流出した安山岩、流紋岩《りゅうもんがん》という岩石でできています。

大陸地殻が生成されるには、プレートの運動による沈み込みが必要となります。プレートとは、地殻とマントルの最上部を合わせた厚さ１００㎞ほどの岩盤で、地球の表面は数枚のプレートで覆われています。そして、プレートは、直下にあるアセノスフェアの動きにしたがって、1年間に数㎝～数10㎝移動しているのです。

花崗岩質の大陸プレートと玄武岩からなる海洋底プレートが衝突すると、海洋底プレートは大陸プレートよりも密度が高いため、大陸プレートの下へ沈み込んでいきます。海溝に堆積して含水した堆積物と玄武岩がいっしょに沈み込んで、地下で融解しマグマができます。そして、シリカに富む軽いマグマは、貫入しながら上昇して、大陸地殻をつくるのです。シリカとは二酸化ケイ素、または二酸化ケイ素で構成される物質をいいます。

ベネズエラやブラジルなど6つの国と地域にまたがるギアナ高地。写真は、ベネズエラのカナイマ国立公園内に位置するテーブルマウンテン、ロライマ山。標高 2810 m、約 20 億年前から 14 億年前に堆積した岩肌を見せる姿はまさに天空の秘境。頂上には、黒色をした鳥やカエルなど独自の生態系をもつ生物が数多く見られます。
© Ardea/ アフロ

超大陸ヌーナ、パノティアの出現

カナダ北西部のアカスタ湖周辺に分布するアカスタ片麻岩《へんまがん》は、世界最古の岩石のひとつです。この岩石は、岩石中のジルコンという鉱物に含まれているウランと鉛の比較、分析（ウラン・鉛年代測定法）から、約40億年前のものであることがわかっています。

ジルコンは、変成作用や風化作用に強い鉱物で、ウラン・鉛年代測定法によってジルコンを含む岩石の年齢を精密に測定できます。アカスタ片麻岩は、花崗岩が熱や高圧による変成作用を受けて形成されたもので、岩石の縞模様（片麻状組織）も変成時にできたものです。

この岩石を調べることで、地球誕生から約6億年後には、地球に陸地ができていたことが明らかになりました。また、38億年前の西グリーンランド・イスアの表成岩帯では、海洋底での火山活動を示す枕状溶岩の形状を残した変成岩が見つかっています。これは、この時期に海ができていたことを示しています。

では、地球に最初の大陸ができたのはいつ頃なのでしょうか。

約40億年にでき始めた陸地は、プレート運動によって衝突・合体を繰り返し、大陸が形成されていきました。地球の歴史を調べてみると、約25億年前、約19億年前、約10億年前、7億～5億年前の数回にわたって大陸が急激に成長したことがわかっています。

最初の超大陸の形成は、約25億年前のケノリアと呼ばれる大陸であろうと考えられています。しかし、その存代を示す地層が少なく、検証が難しいのが現状です。

いっぽう19億年前には、ヌーナ超大陸が形成されています。この超大陸は、現在の北アメリカ大陸、グリーンランド、スカンジナビア半島、南極大陸東部を合わせた広大な面積を誇っていたと考えられています。しかし、この超大陸は、誕生直後からマントルの上昇流の影響を受けて分裂を始めていました。

そして超大陸の誕生から約5億年後、分裂したヌーナ超大陸は移動、再集結して新たな超大陸をつくりました。その大陸を「パノティア超大陸」といいます。パノティアは、約10億年前まで存在していました。

最近では、岩石に残留している過去の地磁気から大陸移動や極移動などを調べる「古地磁気学」の発達によって、過去の大陸の変遷がくわしくわかるようになってきています。

アメリカ・コロラド州にある大峡谷、グランドキャニオン。コロラド高原の隆起とコロラド川の侵食によって形成された地形で、河床には先カンブリア時代の花崗岩が露出し、その上にペルム紀までの堆積岩があらわになっています。

超大陸パンゲアの誕生と分裂

プレートテクトニクス（92ページ）やプルームテクトニクスなどの研究で、約20億年前から、数億年ごとにすべての大陸が集まる超大陸ができたことがわかってきました。

ヌーナ超大陸分裂後、約15億～10億年前に存在したパノティア超大陸は再び分裂を開始します。10億～7億年前にはロディニア超大陸が誕生します。ロディニアは約6億年前に分裂を始め、5億4200万年前には南極から赤道に広がるゴンドワナ大陸、ローレンシア大陸（現在の北アメリカとグリーンランド）などの大きな島に分裂していきました。この時代の大陸はすべて南半球にあり、北半球はほとんど海だったと考えられています。

そして約3億年前、北へ移動していたゴンドワナ大陸がユーラメリカ大陸と衝突、超大陸パンゲアが誕生しました。現在の地球にある6つの大陸は、もともとひとつだった超大陸パンゲアが分裂したものだと考えられています。パンゲアは、赤道を挟んで三日月形に広がり、唯一の海であるパンサラッサに囲まれていました。

そして、パンゲアは約１億７５００万年前にゴンドワナ大陸とローラシア大陸に分裂、北大西洋が誕生します。大陸はさらに分かれて広がっていき、約１億２０００万年前には、南極大陸とオーストラリア大陸がゴンドワナ大陸から分かれて南へと移動します。南米大陸の東海岸とアフリカ大陸の西海岸が裂けて南大西洋をつくり、約９０００万年前にはインド大陸がアフリカ大陸東海岸から分かれて北上、この大陸が約５５００万年前にアジア大陸と衝突したことでヒマラヤ山脈が誕生しています。

■超大陸形成のおもな経緯

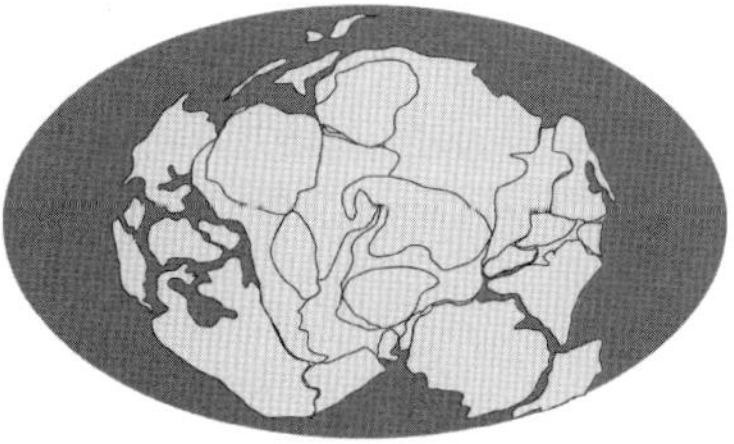

約15億〜10億年前
パノティア超大陸

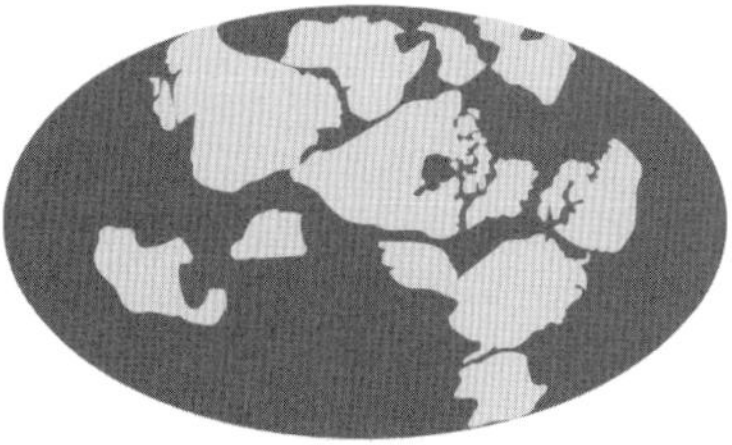

約10億〜7億年前
ロディニア超大陸

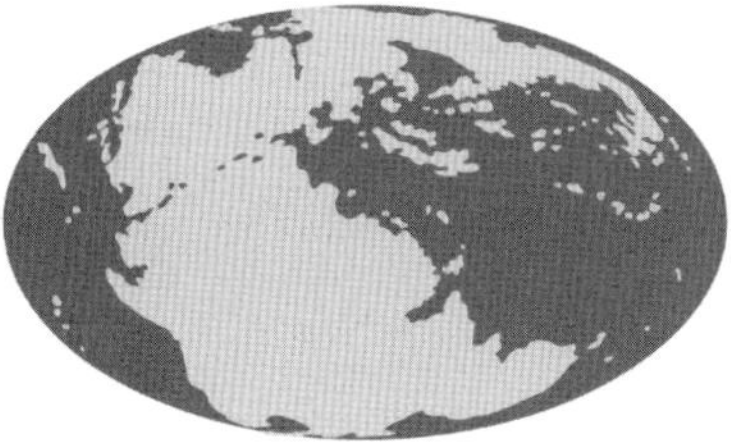

約3億年前
パンゲア超大陸

アフリカ大陸を縦断する「大地溝帯」と呼ばれる長大な谷。プレート境界のひとつで、幅は 35 ～ 100㎞、総延長は 7000km にも達しています。ホットプルームの上昇により地溝帯周辺の地殻は押し上げられて、落差 100m を超える急な正断層の崖が形成されています。

なぜ大陸はできて、再び離れるのか？

大陸という巨大なものを生み出したり、分裂させたりする原動力は、プレート運動によるものです。地球の表面は、数枚のプレートで覆われていて、大陸、島、海など地球の表面にあるものはすべてプレートの上に乗っています。プレートは1年に数㎝〜数10㎝ずつ、それぞれ一定の方向に移動しており、この移動により、大陸移動などが起こるという考え方をプレートテクトニクスといいます。

しかし、地殻からマントル上部のプレートの動きを扱うプレートテクトニクスでは、なぜ超大陸が周期的に形成されたり分裂したりするのかを説明するには不十分でした。1980年代になって地震波トモグラフィーの観測技術が発達し、マントル内部の状態がわかるようになると、マントルと外核の境界付近から湧き上がってくる上昇流（ホットプルーム）と反対にマントル深部まで沈み込む下降流（コールドプルーム）の存在が明らかになってきます。冷えて重たくなったプレートがマントルへ沈み込んでいき、上部マントルと下部マントルの境界（地下約660km）まで達すると、それ以上沈み込めなくなり溜まるようになります。この沈み込むプレートを「スラブ」、沈み込んで溜まったプレートを「メガリス」といいます。メガリスは、約1億年かけて巨大な塊になると下部マントルへゆっくり落ち込んでいきます（コールドプルーム）。すると、その代わりにマントルの下部から高温のマントル物質が地球の表層に湧き上がってくる（ホットプルーム）のです。

複数のコールドプルームが集まった強く大きな下降流をスーパー・コールドプルームといい、スーパー・コールドプルームが生まれると巨大な下降流に引きずられるようにしてプレートが集まり、最終的にはすべての大陸が合体した超大陸が形成されます。そして、巨大な大陸ができると、マントルからの熱が大陸の下に溜まり、そこに地球内部のマントル物質の上昇流が起こります。これをスーパー・ホットプルームといいます。

超大陸は湧き上がるスーパー・ホットプルームにより引き裂かれ、分裂していきます。約19億年前、地球規模のスーパー・コールドプルームが発生し、大陸は約4億年周期で分裂と集合を繰り返すようになりました。現在ではアジア大陸の下にスーパー・コールドプルームが、南太平洋とアフリカの下にスーパー・ホットプルームが存在しています。

アイスランドのシングヴェトリル国立公園に見られる、ギャオと呼ばれる大地の裂け目。海嶺でプレートが生成されて海洋底は広がっていきます。ギャオは、大西洋中央海嶺の地上露出部分であり、東にユーラシアプレート、西に北米プレートが広がっています。

パオロ・ウッチョッロ《ノアの洪水》1440年頃、サンタ・マリア・ノヴェッラ聖堂（フィレンツェ）

「天変地異説」の ジョルジュ・キュヴィエ（1769－1832年）

ジョルジュ・キュヴィエは、「天変地異説」を提唱したフランスの博物学者・解剖学者です。

キュヴィエは、生物の解剖と化石の研究の結果、化石生物から現存生物への連続性はなく、生物は変化しないと考えました。ところが、地質学的な発見によって、現在は存在しない種が過去に生きていたことがわかってくると、「ノアの洪水のような天変地異が、地質時代を通じて何度か繰り返し起こり、前時代の生物がほとんど死滅。生き残った一部の生物が世界に分布するようになった」と唱え始めます。これこそが「天変地異説」で、キュヴィエは、複数の地層に異なった生物相が存在することを、天変地異によって説明しようとしたのです。無論、この説は現代においては完全に否定されています。

いっぽうで、キュヴィエは詳細に現生動物を分類し、化石と比較して古生物学を確立するなど、古生物学、比較解剖学において大きな足跡を残しています。

第3章 生命の萌芽と真っ白い地球

西太平洋・マリアナ弧南部の海底火山 NW Eifuku にある熱水噴出孔（チムニー）。煙突の高さは約 50cm、幅は約 20cm あります。マグマによって海水は熱せられ、その熱水とともにメタンや硫化水素などのガスが噴出しています。このような場所で地球最初の生命は誕生したと考えられています。
© Pacific Ring of Fire 2004 Expedition. NOAA Office of Ocean Exploration; Dr. Bob Embley, NOAA PMEL, Chief Scientist.

ハッブル宇宙望遠鏡がとらえた、オリオン座の暗黒星雲、通称・馬頭星雲。散光星雲 IC434 をバックに、文字どおり、馬の頭のような形状が浮かび上がっています。暗黒星雲は、周囲よりもガスやチリの密度が高く、背景の星々や銀河などからの光が吸収され、漆黒の雲のように見えることから命名されました。地球の「生命の材料」は、こうした暗黒星雲からもたらされたのでしょうか。
© NASA/ESA/Hubble Heritage Team

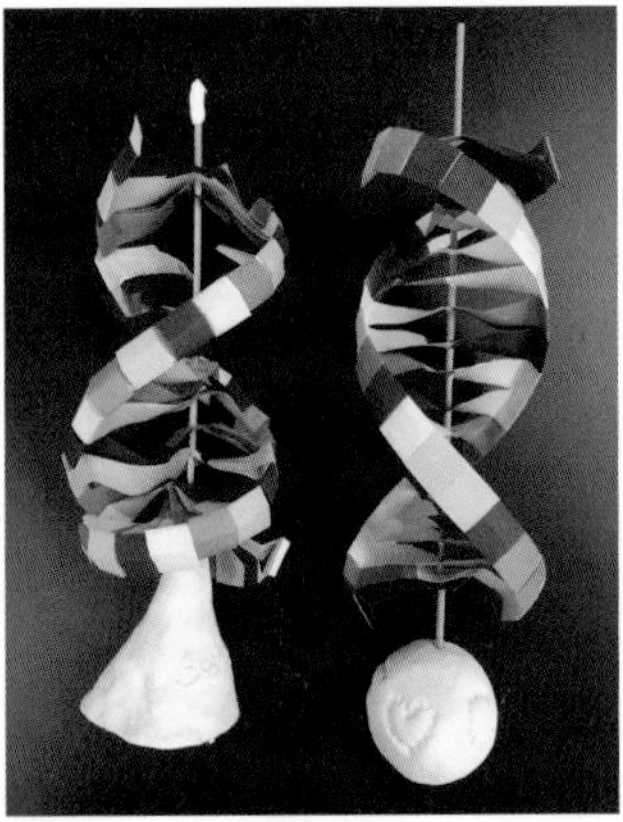

右巻と左巻の DNA。なぜ地球生命はすべて右巻（写真左）なのでしょうか。

郵便はがき

お手数ですが
切手を
お貼りください

150-8482

東京都渋谷区恵比寿4-4-
えびす大黒ビ
ワニブックス 書籍編集部

お買い求めいただいた本のタイトル

本書をお買い上げいただきまして、誠にありがとうございます。
本アンケートにお答えいただけたら幸いです。
ご返信いただいた方の中から、
抽選で毎月5名様に図書カード(500円分)をプレゼントします

ご住所 〒 TEL(　　-　　-　　)	
(ふりがな) お名前	
ご職業	年齢　　歳 性別　男・女
いただいたご感想を、新聞広告などに匿名で使用してもよろしいですか? (はい・いいえ)	

※ご記入いただいた「個人情報」は、許可なく他の目的で使用することはありません
※いただいたご感想は、一部内容を改変させていただく可能性があります。

●この本をどこでお知りになりましたか?(複数回答可)

1.書店で実物を見て　2.知人にすすめられて
3.テレビで観た(番組名:　)
4.ラジオで聴いた(番組名:　)
5.新聞・雑誌の書評や記事(紙・誌名:　)
6.インターネットで(具体的に:　)
7.新聞広告(　新聞)　8.その他(　)

●購入された動機は何ですか?(複数回答可)

1.タイトルにひかれた　2.テーマに興味をもった
3.装丁・デザインにひかれた　4.広告や書評にひかれた
5.その他(　)

●この本で特に良かったページはありますか?

●最近気になる人や話題はありますか?

●この本についてのご意見・ご感想をお書きください。

以上となります。ご協力ありがとうございました。

深海で動き始めた「最初の生命」

宇宙で「生命」の存在が認められている天体は地球だけです。では、地球にはいつ、どのようにして生命体が生まれたのでしょう。諸説あるなかで、近年、可能性のひとつとして注目されているのが宇宙起源説です。アミノ酸は地球のあらゆる生物がもつ有機分子で、これが結合してタンパク質が合成されます。こうした生命誕生の材料となる有機物が、宇宙空間からもたらされたという説が唱えられています。宇宙には、ガスとチリからなる暗黒星雲（分子雲）があり、そこにはさまざまな元素を含んだチリが存在します。このチリに、宇宙線や紫外線などの放射線が当たることで有機物ができます。太陽系が形成される分子雲のなかでは、この有機物が合成されており、これを取り込んだ天体が地球へ落下、衝突したことで「生命の材料」が地球にもたらされたという考え方です。実際、１９６９年9月、オーストラリアに落下したマーチソン隕石などからはアミノ酸が検出されています。

しかし、本当に生命の源が宇宙からやってきたかどうかは解明されていません。そこで注目されるのが、ＪＡＸＡの小惑星探査機「はやぶさ２」の成果です。小惑星イトカワのサンプルを地球へ持ち帰った「はやぶさ」の後継機で、今回のターゲットは、太陽系が形成された当時の水や有機物が含まれていると考えられているC型小惑星（イトカワはS型）。そこで採取したサンプルを分析することで、生命の起源に迫ろうというわけです。

さらに、近い将来、太陽系誕生時の始原物質がより多い冥王星よりも外側の物質も取り込んでいると考えられている、木星軌道にある「トロヤ群」の小惑星（D型小惑星）探査、サンプルリターンの実現も期待されています。

では、「生命」はいったいどこで生まれたのでしょう。その有力候補が、深海底の熱水噴出孔（チムニー）です。そこでは、マグマで２００〜３５０℃に温められた熱水が噴き出しています。熱水にはメタン、硫化水素などのガスだけでなく、鉄やマンガン、亜鉛などの金属イオンが豊富に含まれています。酸素がいっさいなく極限ともいえる場所ですが、そこで生きるカニやエビ、貝などの仲間が知られており、熱水噴出孔に生命は存在し得ます。ここに、隕石によりもたらされた「生命の材料」が辿り着き、太陽や雷などからエネルギーを得て化学的な進化を経て生命が誕生した、というシナリオです。

オーストラリア西部、ピルバラ地域に見られる35億年前の地層。黒色の部分は、かつて深海底にあった熱水噴出孔由来（二酸化ケイ素が沈殿）と考えられています。この古い地層からは、最古級のバクテリアの化石も見つかっています。

原核生物、そして真核生物が登場

約40億年前、「生物の誕生」という地球史における一大イベントが起こりました。

当時の地球には酸素がほとんどなかったため、最初に登場した生物は酸素を必要としない嫌気性《けんきせい》（酸素がなくて生きられる）の微生物（偏性嫌気性細菌）です。同時に、初期の生物はすべて、たったひとつの細胞からなる「単細胞」で、染色体がほぼ裸のまま細胞内にあり、核膜をもたない「原核生物」でもあったのです。

また、太古の地球は、地上や海の浅瀬に太陽から有害な荷電粒子（太陽風）が降り注ぎ、原始的な生物が生きていくには非常に難しい環境にありました。そのため生物は、深海でメタンや硫化水素などの有機物を分解してエネルギーを得ていたのです。

約40億年前のカナダ・サグレック岩帯、約38億年前のグリーンランド・イアスの岩帯で、現在の生物と同じ同位体比の生物起源の石墨が見つかりました。また、オーストラリア西部にあるピルバラクラトンは、南アフリカのカープフアールクラトンと並び、約35億年前の先カンブリア時代に安定化し、その後、造山運動などが行われなかった古い大陸で、そこでは太古の地球の姿がそのまま残されています。

ピルバラでは、地球最古の生物の化石探しが盛んに行われていて、1993年には約35億年前という最古級の生物化石が見つかっています。その正体は、光合成の能力をもたない10μほどの嫌気性原核生物のバクテリア（真正細菌）でした。

いっぽう、アメリカ・ミシガン州にある原生代前期（約21億年前）の縞状鉄鉱層からは、幅0・5㎜、長さ2㎜ほどのグリパニアと呼ばれる藻類のような生物の化石が見つかっています。このグリパニアは、単細胞生物が連なった形をしており、その大きさから、細胞内に核をもつ「真核生物」だと見られています。

こうして原核生物は、長い年月をかけて進化していきました。酸素を利用することでエネルギーを得て、ほかの原核生物を細胞内に取り込み、遺伝子を守るためにみずからの膜（核膜）で遺伝子を包み込みます。こうして、真核生物が誕生したのです（113ページ）。誕生当時を忍ばせる現生の真核生物としては、ゾウリムシやミカヅキモなどがいます。また、多細胞生物が誕生したのは今から9億〜10億年前だと考えられています。

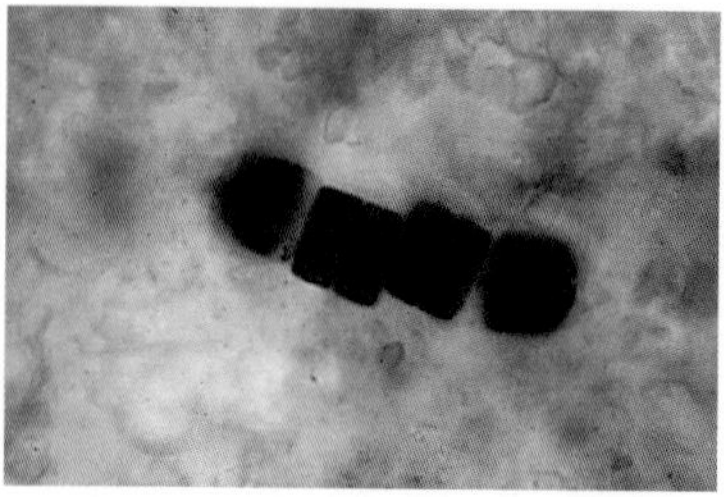

オーストラリア中央部のビター・スプリングス・チャートにある約8億5000万年前の地層で採取されたシアノバクテリア（パラエオリングビア）。
© UCMP

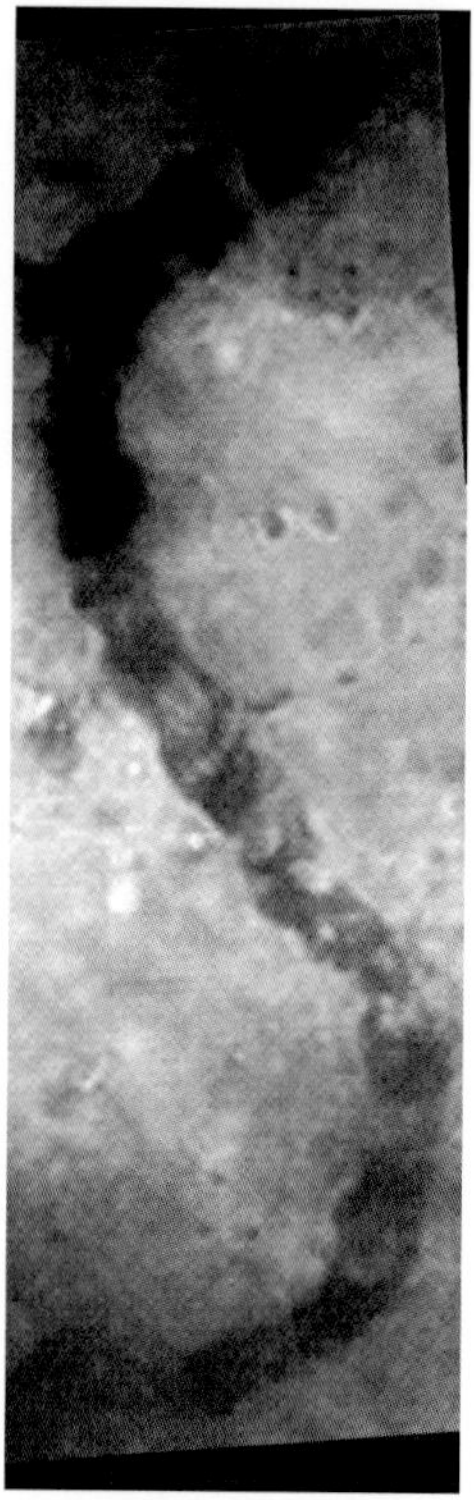

オーストラリア西部のエイペックスチャート鉱床で採取された約35億年前の微化石。

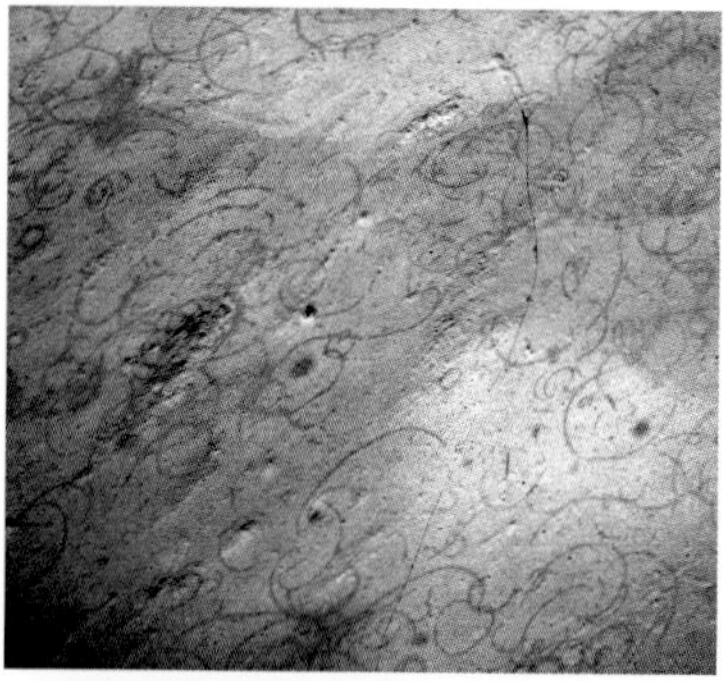

アメリカ・ミシガン州の縞状鉄鉱層で見つかった21億年前、最古の真核生物ともいわれるグリパニアの化石。コイル状のものがそれで、それぞれ幅が約0.5㎜、長さは約2㎜。

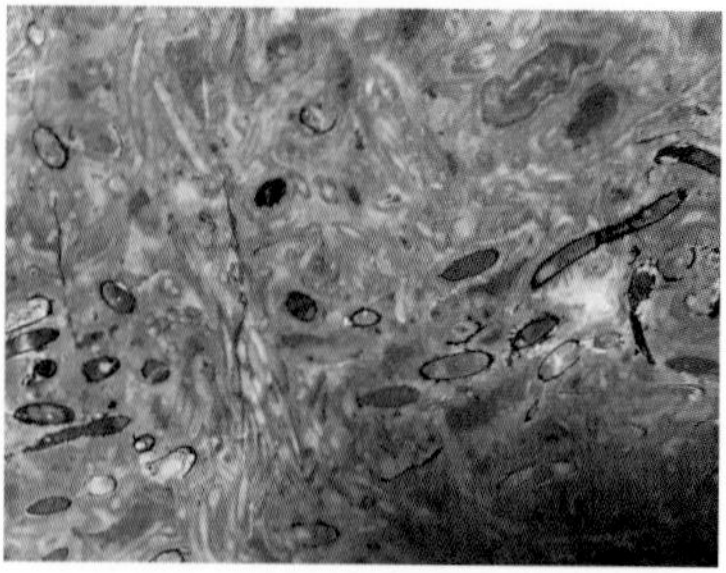

約2億〜1億年前、熱水噴出孔で暮らしていたチューブワームの化石（北海道中川町産）。

海水中の酸素と鉄イオンとが反応してできた酸化鉄が、浅瀬の海底に沈殿して縞状鉄鉱層をもったストロマトライトの化石。層をなす美しい赤や黒、黄色の模様が見えます。赤い部分は赤鉄鉱（Fe_2O_3）、黒は磁鉄鉱（Fe_3O_4）、金に見える黄色は黄鉄鉱（FeS_2）です。

シアノバクテリアによる光合成の始まり

地球に存在するほとんどの生物にとって、酸素は欠かせない物質のひとつです。そして、生物が生まれたばかりの地球で、酸素供給のカギを握っていたのが原核生物の一種、真正細菌に分類されるシアノバクテリアでした。

シアノバクテリアは、太陽光のエネルギーを利用して、水と二酸化炭素という海水に多く含まれている物質を使って光合成を行い、有機物をつくり出しています。具体的には、水を分解して二酸化炭素から糖を生成し、この過程で酸素を放出します。

シアノバクテリアは、光合成によって酸素をつくり出した最初の生物でした。シアノバクテリアは、ラン藻とも呼ばれ、水陸を問わず広範囲に分布しており、これまでに1500種以上が確認されています。

この藻が約27億年前に海の浅瀬で大発生したことがわかっています。そして、シアノバクテリアの死骸は、泥（細かい砕屑物）などとともに何層にも積み重なって、岩石状のストロマトライトを形成します。このストロマトライトの化石が、約27億年前を境に多数見つかっていますが、それより古い地層からはほとんど見つかっていないのです。

それでは、約27億年前の地球に何が起こっていたのでしょうか。

この頃から、鉄やニッケルでできた地球の核の動きが活発になり、地球の地磁気が急に強くなっていたことがわかっています。強まった地磁気は地球を包み込み、地球磁気圏を形成します。そのため太陽風は磁気によって遮断され、直接地球表面まで届かなくなりました。

この急激な変化によって、生物は浅瀬でも生きていけるようになったのです。

そうしたなかシアノバクテリアは、太陽光をより得られる浅瀬へと進出することができるようになり、生活域を大きく広げていきます。

このシアノバクテリアの大繁殖は、地球に大量の酸素をもたらしました。これにより、地球には有害な紫外線を遮るオゾン層ができたうえに、酸素を必要とするほかの生物たちは大型化するなど著しい進化を遂げていきました。光合成の始まりは、生物の急速な進化の始まりでもあったのです。

なお、オーストラリア西部のシャーク湾には、ストロマトライトが現生しています。

オーストラリア西部、シャーク湾に現生する多数のストロマトライト。表面だけが生きていて、その表面部分（約3㎜）は、ふたつの異なるバクテリアによって層状になっています。表面はシアノバクテリアで、光合成をして酸素をつくっています。その下層は、酸素は不要で海水中の硫酸イオンを取り込んで呼吸をする硫酸還元菌です。

大酸化イベントで灰色から赤色の地球へ

現在、地球大気の約21%を占めている酸素は、徐々に増えていったのではなく、約25億〜20億年前と約7億年前の2回、急激に増える時期を経ていたことがわかっています。とりわけ、最初の酸素量増加では、酸素がほとんどなく地球大気の主成分が二酸化炭素と水蒸気だった状態から、現在の100分の1以上にまで上昇、酸素濃度はそれより前の1万倍以上になっていたことがわかっています。さらに、近年の研究で、その時期は、24億5000万年前であることも判明しており、これは「大酸化イベント（大酸化事変）」と名付けられました。

酸素が増えた流れは次のとおりです。

約27億年前、大繁殖したシアノバクテリアによる酸素の増加で、地球の環境は一変します。酸素はまず、熱水噴出孔から噴き出して海水中に大量に存在した鉄イオンと結びつき、海を酸化鉄で赤く染めました。世界各地で見つかっている縞状鉄鉱層は、この酸化鉄とケイ酸塩鉱物が縞状に堆積したものです。酸素は、約3億年かけて海中のほとんどの鉄イオンと結びつきます。現在の鉄資源は、このときにつくられたものであり、現代の人々の暮らしを支えています。いっぽう、結合相手である鉄を失った酸素は、大気中へ放出され、酸素濃度を上昇させていきました。これが大酸化イベントです。

大気中にあふれた酸素は、地表の岩石に含まれる鉄も酸化していきました。当時の陸地は酸素が少なく、植物の姿もありません。灰色の花崗岩の地表が続く不毛の地だったとされています。その「灰色の地球」が、酸化鉄により「赤い地球」に変わったのです。このときの酸化鉄は「赤色砂岩」を形成し、現在も赤みを帯びた堆積岩として産出しています。

大酸化イベントの発生で、地球の生態系も大きく変容しました。酸素はわたしたちにとっては必要不可欠ですが、その頃の原始的な生物にとっては体を腐らせる猛毒でした。そのため、酸素があると生存できない「嫌気性の生物」は、地下で生息することになり、酸素を使って有機物から効率よくエネルギーを得られる「真核生物」が登場したのです。

また、大気中に放出された酸素は、成層圏（約10～50㎞上空）でオゾン層を形成し、生物の陸上への進出を大きく促すことになっていくのでした。

オーストラリア西部のピルバラ地域、ハマスレーにあるカリジニ国立公園・ハンコック峡谷の縞状鉄鉱層。ここは、ケイ酸と鉄などが交互に層状をなしています。赤茶けた酸化鉄は、27 億年前のシアノバクテリアの繁栄、24 億 5000 万年前の「大酸化イベント」の証左であり、実際にハマスレーは鉄鉱石の一大産地となっています。

真っ白い時代、スノーボールアース

地球は誕生直後のマグマオーシャンに覆われた超高温状態から、少しずつ冷えて現在の姿に至り、地球全体が凍りついたことは一度もないと考えられてきました。しかし、1980年代後半から1990年代前半にかけ、約6億年前には赤道地域にあったとされる世界各地の地層に大陸氷床（大陸に降った雪が圧縮されて氷になったもの）が存在していた証拠が発見されました。これは当時、赤道域が氷河に覆われていたことを示唆します。ほかにも同時期には、長期間にわたり日光が海へ進入できなかったことを示す堆積物や、太陽光がないために光合成が停止していた証拠などが見つかりました。そして、1992年、カリフォルニア工科大学のカーシュビンク博士は、これらの謎を解くため、地球全体が凍結した時代があったという「スノーボールアース（全球凍結）仮説」を提唱しました。

地球の温度は、大気中の二酸化炭素の濃度に影響されます。現在、地球の平均気温は約15℃ですが、二酸化炭素などの温室効果ガスがなければマイナス19℃くらいまで下がるといわれています。現在、大気中の二酸化炭素の濃度は0・03%ほどですが、温室効果ガスのわずかな量の変化が、地球の環境に大きな影響を与えているのです。

約7億年前、何らかの理由で大気中の二酸化炭素濃度が減少。その結果、温度は下がり、徐々に大陸の氷河が広がっていきました。氷河がある程度広がると地球は白くなり、「白い地球」はその白さゆえに太陽光を跳ね返すようになります。そして、極地から広がっていった氷河が北緯（南緯）30度くらいまで及ぶと、太陽光の大部分が反射されるようになり、寒冷化が加速、赤道域まで氷に覆われてしまいました。この状態が「スノーボールアース」です。全球凍結時の地上での平均気温は約マイナス40℃まで下がり、海の氷の厚さは約1000mにも達したと考えられています。

二酸化炭素の濃度が下がったメカニズムなどは解明されていませんが、たとえば火山活動が停滞して、二酸化炭素の供給が大きく減少したなどの理由が考えられています。さらに現在では、全球凍結は地球の歴史において、約22億年前の原生代初期に1回、約7億年前と約6億年前の原生代後期に2回、少なくとも3回は起こったとされています。そのたびごとに生物は絶滅の危機に瀕することになったのです。

太平洋の方向に広がる南極海の海域のひとつ、ロス海に浮かぶ流氷。全球凍結へと至る途中、はたして地球は、このような姿を見せていたのでしょうか。

全球が凍り付いて真っ白になった地球、スノーボールアースのイメージ。

凍った地球がなぜ元に戻ったのか？

スノーボールとなった地球は、どうやって温かくて青い地球を取り戻したのでしょうか。

現在、人間活動によって大気中に放出された二酸化炭素の約30％を吸収し、温暖化を緩和しているのは海だと考えられています。しかし、スノーボールアース状態では海が凍りついてしまったので、海水は二酸化炭素をほとんど吸収することができません。また、厚い氷の下では、光合成を行うバクテリアなどの活動も低下していたため、二酸化炭素の消費量はきわめて低くなりました。

いっぽうで、地球の表面は凍っていても、内部ではマントルが対流しており、火山活動は休むことがありませんでした。つまり、大規模な火山噴火によって二酸化炭素が大気中に大量に放出されることで、冷却は止まったのです。こうして、二酸化炭素濃度が上昇、温室効果により、やがて地球は急速に温暖化に向かった、という考え方が今は主流です。

また、急激な温暖化には、メタンの影響があったとする考えもあります。

全球凍結があった当時、メタン菌が生成した大量のメタンは、濃度が低かった酸素によって分解されず、低温の状態でメタンハイドレート（メタン分子を含む氷状の結晶）として海中に溜まっていきました。やがて、全球凍結の時代が終わって海の氷が溶け始めると、メタンハイドレートが崩壊し、メタンが大量に発生しました。強力な温室効果ガスであるメタンは、地球温暖化をよりいっそう進行させたのです。

加速する温暖化で、地球の気温は50〜60℃にもなったとされています。海水温が上昇して大量の水蒸気が発生すると、想像を絶する激しい雨風が生じました。すると、陸地の岩石に含まれていた栄養塩（リン）が大量に海へと流れ込みます。その栄養豊富な海でシアノバクテリアなどの光合成をする生物が大繁殖し、生成された大量の酸素によって「大酸化イベント」（112ページ）が起こったのです。こうして地球は、全球凍結から数十万年〜数百万年をかけて、かつての落ち着いた気候を取り戻したと考えられています。

しかし、やがて大気中のメタンは酸素で分解され、二酸化炭素は光合成で消費されて濃度は低下していきます。つまりこれは、地球寒冷化への道のりです。太古の地球は、このようにして寒冷化と温暖化を幾度か繰り返していたのではないかと推測されています。

ディッキンソニア

中央部分で体節が互い違いに接しているのはわかりますが、口や消化管などは見当たらず、どのように生きていたか想像もできません。厚さはほぼ3㎜程度しかない半面、全長は約1㎝～1mと幅広く、そのサイズ感からしても謎が多い生物です。

チャルニア

葉のような体に、ごく小さな袋状の部位が並んでいます。茎と思しき部位の下部には足盤があり、海底にくっつき直立していたようです。全長は約15㎝から2mに及ぶものもありました。

多種多様なエディアカラ動物群

スプリッギナ

頭部、尾があり、体節をもった生物だと考えられています。ゴカイの仲間、原始的な三葉虫とする説もありますが正体は不明。全長は約3㎝。

トリブラキディウム

3本の腕のような部位がらせん状に伸びている円形状の生物。これは、現生動物には見られない身体的な特徴です。直径は2〜5㎝ほど。

シクロメデューサ

同心円状、放射状の構造をもつ円形の生物。どこかクラゲのような外見をしていますが、くわしいことはわかっていません。全長はおよそ20㎝。

全球凍結後に現れたエディアカラ動物群

スノーボールアースは、生物の進化にも深く関与しています。全球凍結を小さい体で生き抜いた動物は、凍結が終わると太陽光を浴び、酸素を得るなどして飛躍的な進化を遂げました。オーストラリア南部、アデレードの北に延びるフリンダーズ山脈の北部にあるエディアカラ丘陵には、東西30㎞に約5億8000万年～5億5000万年前という先カンブリア時代の地層が堆積しています。そこでは、ストロマトライトの化石とともに大型の生物化石を数多く見つけることができます。これらの生物は、発見地にちなんで「エディアカラ動物群」と呼ばれ、肉眼で見られる最古の生物化石でもあります。

その動物たちは、それまでの生物とはまるで違う姿をしていました。種類も豊富で、たとえばクラゲのような「ネミアナ」や楕円形の「ディッキンソニア」のほか、原始的な腔腸《こうちょう》動物（クラゲやイソギンチャクなどの仲間）や環状動物（ミミズ、ヒルなどの仲間）などがいて、大きさは数10㎝～1ｍ以上に達するものもいました。また、体つきは一様に平べったくて殻や骨格がなく、柔らかい組織だけでできていました。本来、硬い骨格をもたない生物は化石として残りにくいのですが、エディアカラの場合、海底で生息していた生物が、土砂により一瞬で覆いつくされて化石になったため往時の姿を残したと考えられています。

また、エディアカラの生物たちは、地球最古の多細胞生物ではないかとも考えられています。現在考えられている多細胞生物出現のシナリオは、次のようなものです。

①全球凍結の氷が溶けて急激な温暖化が始まると「ハイパーハリケーン」と呼ばれる巨大な嵐が起こった。猛烈な風雨は海中の栄養分をかきまぜ、世界中にそれを拡散させた。

②すると、栄養豊富な温かい海でシアノバクテリアが大繁殖し、大量の酸素を放出する。その結果、大気中の酸素濃度は現在とほぼ同じ約20％まで上昇した。

③単細胞生物は、この酸素を利用して、コラーゲンというタンパク質を生成するようになった。コラーゲンは、細胞と細胞のあいだを満たし、細胞同士を結合するはたらきをもつので、生物は多細胞の大型生物へと大きな進化を遂げていった。

エディアカラ動物群の生物は、スノーボールアースの直後に出現し、カンブリア紀の直前に絶滅します。これは、急激な温暖化に適応できなかったためと考えられています。

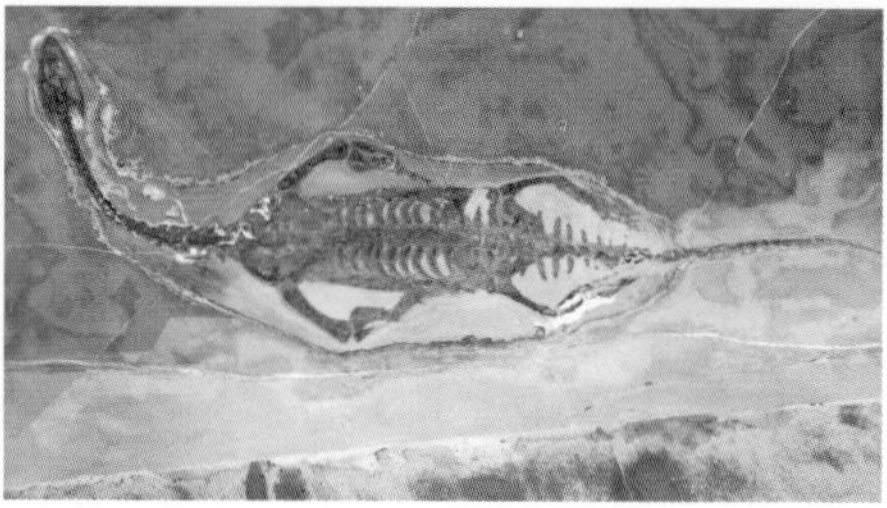

ウェゲナーが南米大陸とアフリカ大陸が、かつて陸続きであることの証拠のひとつとしたメソサウルスの化石。全長は約 30cm。

「大陸移動説」の アルフレート・ウェゲナー (1880-1930年)

アルフレート・ウェゲナーは、「大陸移動説」を提唱したドイツの気象学者です。彼は、南アメリカ大陸の東海岸線とアフリカ大陸の西海岸線の形が酷似していることに気づき、2大陸は「ひとつの巨大な大陸が割れて移動したものではないか」という仮説を打ち立てました。これが大陸移動説です。

ウェゲナーは両大陸の地質の共通点やメソサウルス（ペルム紀の淡水域に生息していたトカゲ）、グロソプテリス（ペルム紀の裸子植物）といった古生物の生息域、古生代の氷河分布などから2大陸の類似性を確認。1912年、『大陸と大洋の起源について』を刊行、大陸移動説を発表します。同書で彼は、現在の全大陸はひとつの巨大な大陸が分裂したものとし、ギリシア語で「すべての陸地」を意味する「パンゲア大陸」と命名。彼は大陸移動の原動力を求めるグリーンランドの調査中に不慮の死を遂げましたが、その考えは「プレートテクトニクス理論」の先駆として再評価されています。

第4章 古生代の生き物たち

© アフロ

巨大生物、バージェスモンスター現る！

エディアカラ動物群が繁栄した時代は、わずか3000万年ほどで終わってしまいました。そして5億4100万年前、古生代・カンブリア紀という新時代が幕を開けます。

1909年の夏、アメリカ・スミソニアン協会の古生物学者チャールズ・ウォルコットは、家族とともにカナダ・ブリティッシュコロンビア州に位置するステファン山周辺を訪れていました。この付近で産出されるカンブリア紀を代表する生物、三葉虫の化石を採集・調査するためです。調査が予定どおりに終わろうとしていたとき、彼は驚くべき光景を目にします。ステファン山の北北西、バージェス山付近のバージェス頁岩累層《けつがんるいそう》で、見たこともない巨大生物の化石を大量に発見したのです。これらの生物たちは、発見地の名前をとって「バージェスモンスター」「バージェス頁岩動物群」などと呼ばれました。

バージェスモンスターは、昆虫のような外骨格、長く飛び出た眼、ノズルのような鋭い口、針のようなトゲなど、ユニークな特徴をもったものが多く、まさにモンスターという名にふさわしい個性的な生物ばかり。謎の巨大生物の発見は、多くの研究者をこの地に向かわせることになり、新種の動物が数多く発見されました。アメリカの古生物学者スティーブン・グールドは、1989年の著書『ワンダフル・ライフ』で、バージェスモンスターを「奇妙奇天烈動物群」と命名します。その動物たちが、いかに常識はずれで、衝撃的な姿をしていたかを物語る名前です。そして、この動物群の発見は、カンブリア紀に動物種が爆発的に増えた「カンブリア大爆発」（132ページ）を世に知らしめました。なにしろカンブリア大爆発によって、現在知られている動物門《もん》がすべて地球上に姿を現したのです。加えて、『ワンダフル・ライフ』によれば、モンスターのうち15～20種は、彼が本を書いた時点で知られていた動物門のどれにも属しません。また、既存の動物門に分類できる種でも、現生する種と比べると、形態やデザインが異なっていました。それほど多種の生物が誕生したのです。その後、研究が進み、謎多き動物群の生態などが次第に明らかになっていきます。

たとえば、全長60㎝～1ｍのアノマロカリスは、体節が8つに分かれた節足動物の仲間と判明しました。最大の特徴は、頭部にある大きな眼と鋭いトゲのある2本の触手です。アノマロカリスこそは、当時の海を支配する、最大にして最強の怪物だったと考えられます。

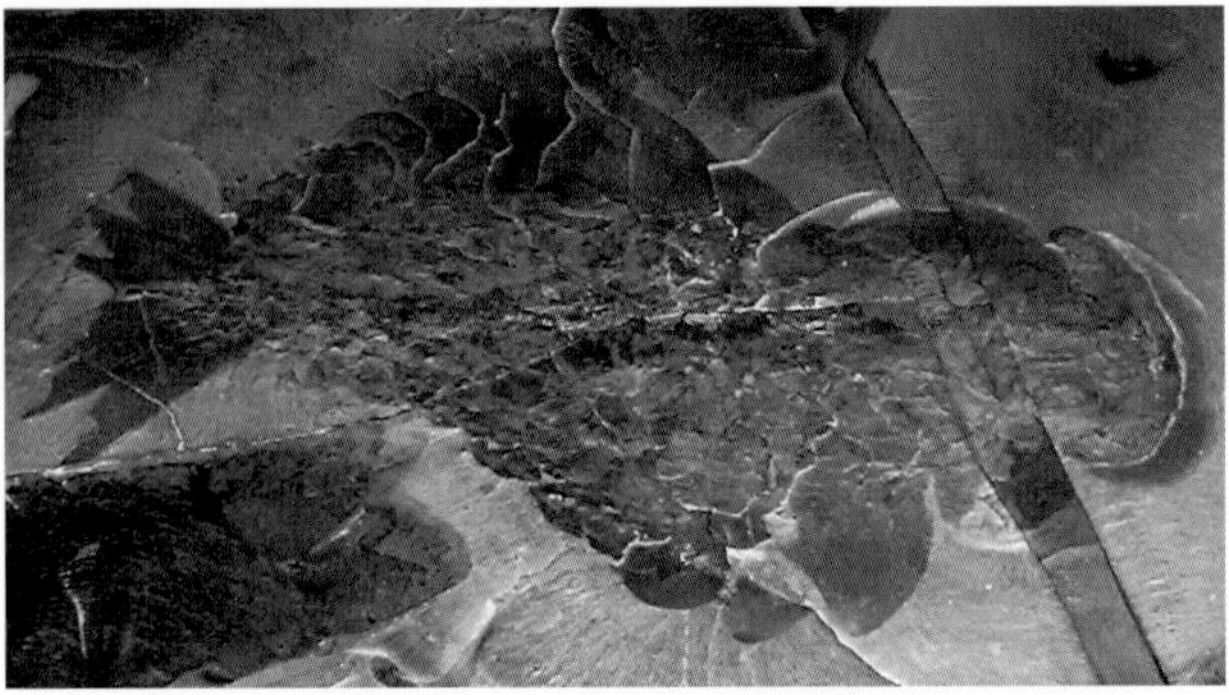

バージェス頁岩塁層で発見されたアノマロカリスの完全化石。トロント（カナダ）のロイヤル・オンタリオ博物館所蔵。

全長は最大で1m、カンブリア紀最大の生物とされるアノマロカリスのイメージ。広義で節足動物の仲間に属し、頭部についた大きな複眼、トゲがついている2本の触手、11対以上の胴体についたひれ、体の末端にある3対の尾などが特徴的です。精巧な複眼と狩猟に向く触手から、カンブリア紀における海の支配者であったと目されています。
© SuperStock/アフロ

カナダ・ブリティッシュコロンビア州のヨーホー公園内にあるウォルコット採石場（バージェス山）。約5億年前のバージェス頁岩累層が広がり、そこからはアノマロカリスほか多種多様なバージェスモンスターが発見されています。

カンブリア大爆発と三葉虫の繁栄

カンブリア大爆発では、約2000万年という地球の歴史のなかでは一瞬ともいえる短期間に、現在の地球上に存在するすべての動物門に属する動物が登場しました。

この時期に登場した動物の大きな特徴はふたつあります。まず、体のどこかに殻、骨、トゲといった硬い組織をまとっていること。もうひとつは、前時代のエディアカラ動物群などには見られなかった「眼」を、突如として獲得していることです。ここで注目すべきは、動物の多様化は「眼の誕生」が直接の原因だとする「光スイッチ」説です。カンブリア紀の地層から発掘される生物化石には、それより前の時代には見られない「捕食された跡」が残されています。つまり、カンブリア紀から動物同士が食う、食われるという捕食関係ができたようなのです。その場合、眼をもつ動物は、ほかの動物がいる場所や弱点がよくわかるので相手を襲いやすい。逆に、捕食される側が眼をもてば、襲ってくる相手の存在をすぐに察知し、いち早く身を隠すことができます。眼は、このように生存競争の必須アイテムであり、ひいては生物の多様化をうながした、という考えです。

また、動物に捕食関係が生まれたことで、体に硬い組織をもって敵から身を守ったり、相手を攻撃したりすることができるようになりました。この時代の動物たちは、海中で行動していたので、周りにあった炭酸塩、シリカ、リン酸塩といった成分から硬い組織をつくるようになったのでしょう。そして、硬い組織をもつと同時に、一部の動物は体に色をつけるようになります。貝殻が太陽の光にあたって七色に輝くように、硬い組織のなかには光にあたると色を示すものが出てきたのです。このような色を構造色といいます。

カンブリア紀を象徴する生物が三葉虫です。三葉虫は、海底を這い回って肥沃な泥からエネルギーを得ていました。そこで、捕食者に対して有効な硬い鎧（当時の生物でもっとも硬い殻）や、現生するトンボなどの昆虫同様に小さなレンズが密集した「複眼」を備えます。大きさは、成体で5㎜程度から約90㎝にもなる大型種までさまざま。円形に近いもの、長細いもの、頭部に角を生やしたものなど容姿もまた多様です。さらに、甲羅（背甲）は、ほかの動物よりも硬い炭酸カルシウムでできていました。こうした進化を武器に三葉虫は、古生代最後のペルム紀後期まで、約3億年ものあいだ生き延びたのです。

多種多様な三葉虫

ファコブス類は、方解石でできたレンズが組み込まれた大きな複眼で、周囲の物を認識する視力をもっていました。

ファコブス・スペキュレーター（デボン紀）
シルル紀からデボン紀に繁栄していた。外敵に襲われたり、驚くと丸くなって腹部を守る習性がありました。全長は 11cm。

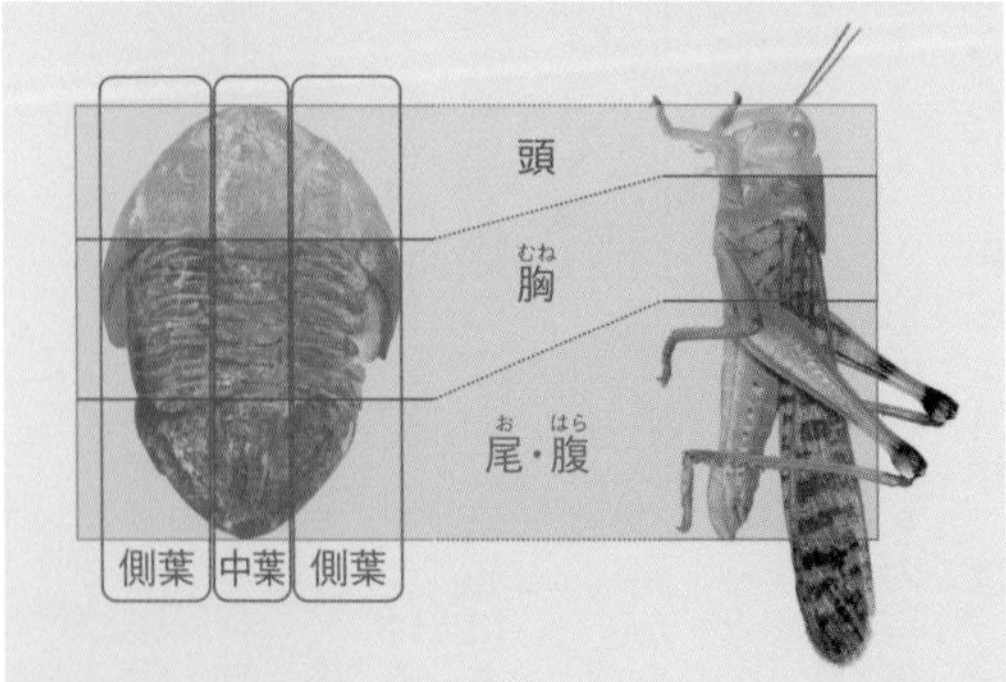

三葉虫の体のしくみ
三葉虫を真上から見ると、縦に中心の中葉、両側に側葉の３つに分割できることから「三葉虫」と呼ばれています。その形態は、頭部、胸部、尾部に分かれ、昆虫の特徴を備えています。

アカドパラドキシデス
（カンブリア紀）
大型の三葉虫で、頭部から伸びた突起に包まれるように胸部の節が並び、小さな尾がついています。写真の標本は全長 31cm。

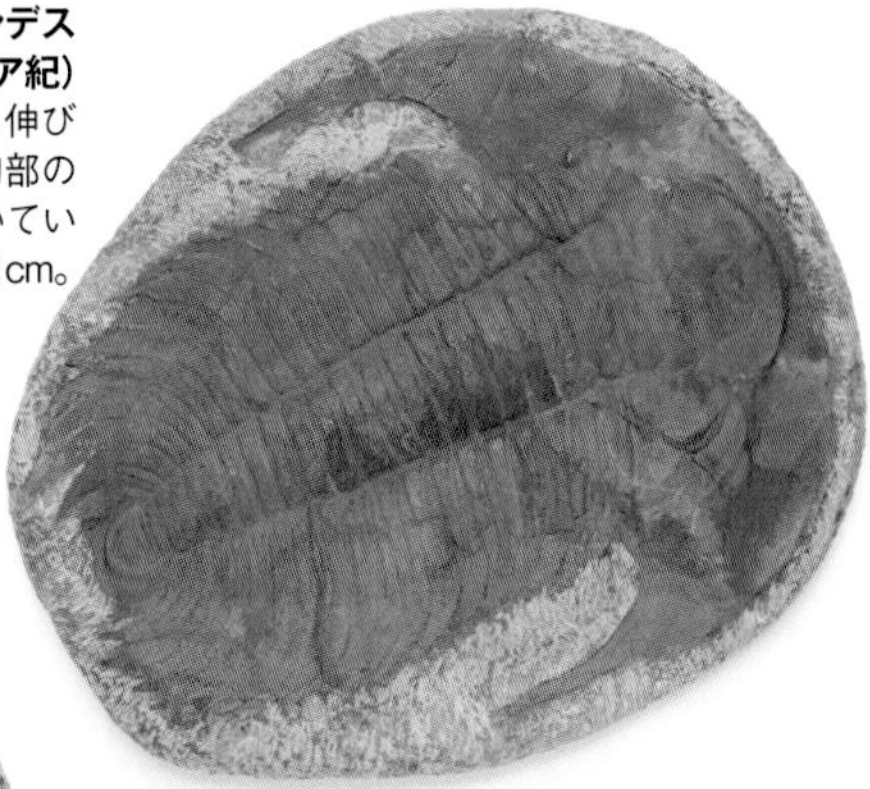

クロタロセファルス・ギッパス（デボン紀）
大きな頭部の全面には口（ハイポプストマ）の跡もあり、胴体に並ぶ突起（トゲ）が見事。全長は 9cm。

キファスピス・ショートスパイン（デボン紀）
後方に伸びた３本の長いトゲ、頭部から突き出した２本の短い突起が特徴的。いかにも捕食者に対する武装に思えますが、真実は不明。複眼も確認できます。全長は 2cm。

▼4億8500万年～4億4300万年前

オルドビス紀の生物大放散事変

カンブリア大爆発の時代を経て、オルドビス紀に入っても生物の激変は続きます。それはのちに「オルドビス紀の生物大放散事変」と呼ばれる、環境の変化に適応するようにして生物がよりいっそう多様化した出来事でした。カンブリア紀には、約２０００万年足らずのあいだで現生動物のすべての「門」が突如として出そろいました。それに対してオルドビス紀は、およそ2倍の約４０００万年の時間を使い、分類階級では「門」よりも３～４つ下の「科」と「属」を増やしました。とくに「属」は、それまでの約4倍、４５００を数えるまでになります。なかでも種類を増やしたのは、腕足類、棘皮《きょくひ》動物、二枚貝（軟体動物）といわれる生物たちです。

また、オルドビス紀には、生物の種だけでなく大型化も進みます。カンブリア紀の動物では、全長２ｍほどのアノマロカリスが最大でしたが、オルドビス紀には体長２・５ｍのウミサソリや、全長11ｍ超という途轍もなく大きなオウムガイの仲間が生まれているのです。

　ではなぜ、この「生物大放散事変」は起こったのでしょうか。その謎を解くカギは、地球の環境変化にあります。じつはオルドビス紀、とくにその前期は地球が温暖化傾向にありました。温暖な気候が続くことで海面が上昇し、海水が内陸部にまで進出。二酸化炭素の濃度が高く、炭酸カルシウムの骨格をつくる材料が豊富で、サンゴ礁が発達しました。そこに多様な生物が生息したわけです。

　また、カンブリア紀からオルドビス紀にかけて、超大陸ロディニアが、ローレンシア、バルティカ、シベリア、ゴンドワナという大小4つの大陸に分裂しています。生息域が4つに分かれたことにより、各大陸に別れた生物はそれぞれの環境に適応して進化していきました。

　オルドビス紀は、植物が陸上に進出した時代でもあります。約4億7000万年前、オルドビス紀初期にゼニゴケの仲間が海から陸へ上がり始めます。浅瀬の出現で、海中の植物が浅瀬でも繁殖するようになったのです。緑色植物は光合成で有機物をつくり、エネルギーを得ます。光合成に必要な太陽光は、水中よりも陸上のほうが受け取りやすいので、植物たちは光エネルギーを求めて陸をめざしたのです。こうして、動物よりひと足先に上陸した植物は、乾燥した環境にも適応していき、生息域を内陸部へと広げていきました。

オルドビス紀の海では、巨大なオウムガイの仲間が王者に君臨していました。硬い殻をもつ三葉虫さえも捕食の対象となり、魚類はまだアゴをもたず大きさも存在感もありませんでした。

ヒトデやウニなどと同じ棘皮動物の仲間であるウミユリの化石。ウミユリは、カンブリア大爆発の時代に誕生しオルドビス紀に多様化した生物のひとつ。生きている化石として、現在も深海でその姿を見ることができます。

▼ 筆石《ふでいし》

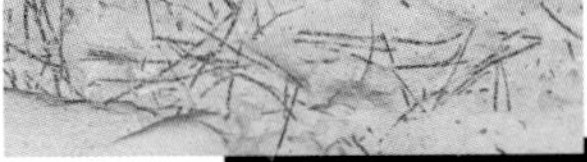

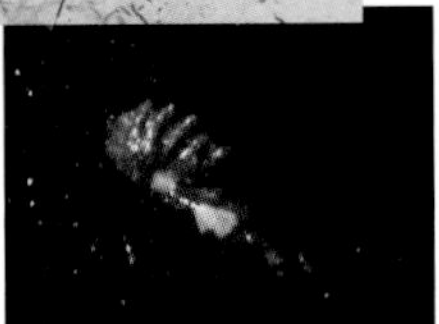

コノドント ▶

古生代の海にもっとも多く生息していたのは筆石（左）とコノドント（右）。筆石類は、幅が数㎜、長さが数㎝のパイプ中に棲んで、群体をつくり浮遊していたプランクトンで、オルドビス紀からシルル紀に繁栄していました。コノドントは、脊椎動物の起源にあたり、プランクトンを補食していました。アゴについた歯状の器官が微化石として採取されます。

4億8500万年～3億5900万年前

オウムガイからアンモナイトの時代へ

オルドビス紀の海に、王者として君臨したのがオウムガイの仲間です。生物の多様化が進んだ時代でしたが、移動に関してはあまり成熟しておらず、海底を這うように移動したり、潮の流れにゆらゆらと体を漂わせるだけの動物が多くいました。そのなかで、オルソセラスなどのオウムガイ類は、直錐型の角のような殻のなかに軟体部を入れ、泳ぐ能力をいち早く獲得し、広い海を自由自在に泳ぎ回っていました。初期のオウムガイ類は、まっすぐの形をしたものもいれば、動物の角のように反っているタイプのものもいました。

オウムガイ類は、炭酸カルシウムでできた硬い殻をもっており、肉体部分はそれにすべて守られているように思いますが、じつは殻のなかは空き部屋。軟体部と呼ばれる肉体部分は、大部分が出入り口にあたる殻の穴の部分にある部屋に入っているのです。この部屋を住房といい、それ以外の部分を気房といいます。また彼らは、気房に空気を出し入れすることによって浮力を調整していました。そして、足の一部が変化した漏斗状の器官をもっていて、そこから海水を勢いよく噴出させて移動するジェット推進機構を備えていたのです。このようなしくみから、オウムガイ類は、ほかの生物よりも速く泳ぐ能力を身につけ、生存競争のなかで優位に立ちました。泳ぐといえば現代では魚ですが、この時代の魚はまだ原始的で種類も少なく、オウムガイに対しては劣勢でした。加えて、オウムガイは、口中にカラストンビという鋭い歯をもっていたので、硬い殻で武装した三葉虫でさえ捕食します。これもまた、オウムガイ類がオルドビス紀の海で王者となった要因でしょう。

シルル紀を経てデボン紀になり、海に登場したのがアンモナイトです。アンモナイトはイカやタコと同じ頭足類ですが、ルーツはオウムガイ類です。当時はオウムガイの仲間は魚類などの台頭で衰退期を迎えていました。アンモナイトは殻を巻いて丸くすることで、あらゆる方向へ速く動けるようになり、捕食者からも速く逃げることができました。

アンモナイトの生き残り戦略はまだあります。卵が現在のタコやイカと同じで直径1㎜程度。強力な捕食者が現れても、小さな卵をたくさん産み、少しでも生き残れるものがいればいいという戦略をとったのです。こうして繁栄したアンモナイトも、ペルム紀末には数種を除いて絶滅します。しかし、生き残った数種が、次の中生代で大繁栄するのです。

古生代のオウムガイ類

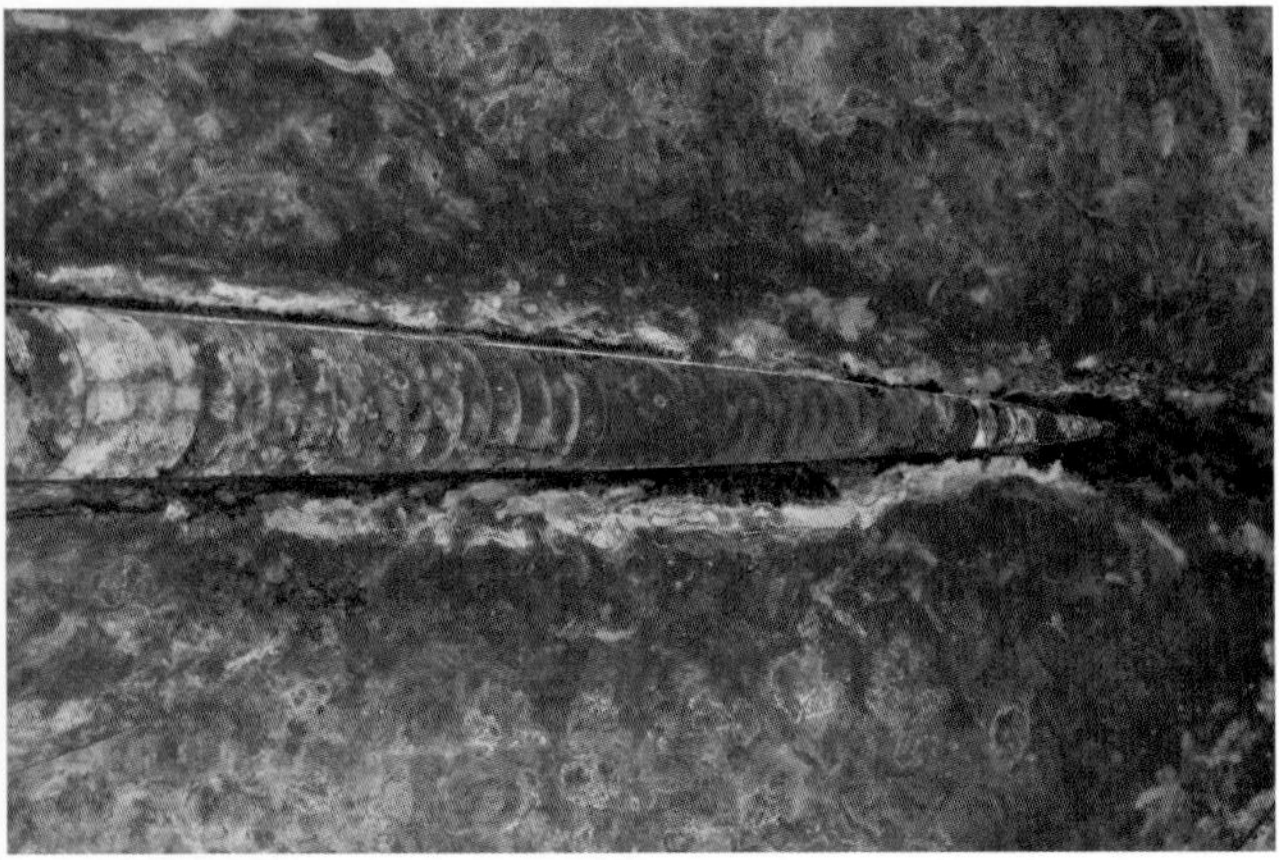

オルドビス紀に生息したオウムガイ類、シノセラス（スェーデン産）。「まっすぐに伸びた角」という意味から「直角石」と呼ばれています。全長は 40㎝。

古生代・石炭紀のアンモナイト、ゴニアチラス。アンモナイトは、オウムガイ類から進化してシルル紀末に登場しました。

中生代・白亜紀のアンモナイト、パキデスカス（北海道中川町産）。

中生代のアンモナイト

中生代（ジュラ紀）に生息していた大型のアンモナイト。標本の直径は55㎝（イギリス産）。

異常巻きのアンモナイト、ポリプチコセラス（熊本県上天草市樋島産）。

▼4億1900万年〜3億5900万年前

板皮類の登場で「魚の時代」を迎える

約4億1900万年前、デボン紀に入ると魚類が地球史の表舞台に登場します。魚類は、カンブリア大爆発の頃から、ピカイア（ナメクジウオ）、コノドントを起源とし、はっきりとした脊椎を獲得していきました。ただし、当時は体が小さく弱い存在で、同時期に隆盛をきわめた節足動物のかたわらで、ひっそりと暮らしていました。

そんな魚類がオルドビス紀になると、うろこを獲得し、やがて迎えたデボン紀には海洋世界の主役にまで躍り出ます。この繁栄のきっかけは、アゴの獲得でした。

最初の魚類として誕生した無顎類《むがくるい》は、文字どおりアゴがないために、穴のような口をいつも開けているだけでした。そこから掃除機のようにして泥を吸い込み、必要な栄養分を選り分けるという、とても効率の悪い方法で栄養補給をしていたのです。

シルル紀の終わり頃、最初にアゴをもった魚、板皮類《ばんぴるい》が登場します。板皮類は頭や胸ビレのつけ根に硬い骨の板をもち、甲冑を着けているような姿をしていたことから甲冑魚とも呼ばれます。アゴをもつことで、口を開閉して力強く噛めるようになりました。その効果は絶大で、ほかの動物を簡単に捕獲できるようになり、生存競争のなかで自分の立場を有利にできたのです。そしてこれ以降、魚類をはじめとする脊椎動物には、アゴが引き継がれていくことになります。なお、アゴの起源には、現在ふたつの説が考えられています。ひとつは、エラを支える鰓弓《さいきゅう》骨という骨の一部が前に張り出して発達したという「エラ起源説」。もうひとつが、口のなかの軟骨が変化していった「口蓋軟骨起源説」です。どちらが正しいのかは、まだはっきりとはしていません。

板皮類は、アゴをもたない動物よりも栄養を獲得する効率が飛躍的に上昇しました。それとともに、体も大きくなり、食物連鎖のトップにまで上りつめます。ダンクルオステウスは、全長6m以上と推定される頭部化石も発見されています。

またデボン紀は、板皮類のほかにも、上下のアゴを獲得した最初の脊椎動物として知られる棘魚類《きょくぎょるい》、サメやエイなどによく似た軟骨魚類、現在の魚類の原型となった条鰭類《じょうきるい》などが誕生しました。そしてデボン紀は、すべての魚類が出そろった時期であったことから、「魚の時代」ともいわれています。

ダンクルオステウス（板皮類）の頭部化石のレプリカ。大きなアゴだけでなく、鋭利な先端部をもっている上アゴ、骨の先がギザギザになっている下アゴなど、捕食に適した特徴がうかがえます。

古生代最大級の魚類とされる、板皮類のダンクルオステウスのイメージ。発達したアゴが特徴的で、大きな固体は全長 10 mにも達し、デボン紀後期の海に広く生息していました。
© SuperStock/ アフロ

デボン紀後期、川や湖に生息していたボスリオレピスの頭部化石。頭部の幅の広さは特徴的。全長はおよそ30㎝。

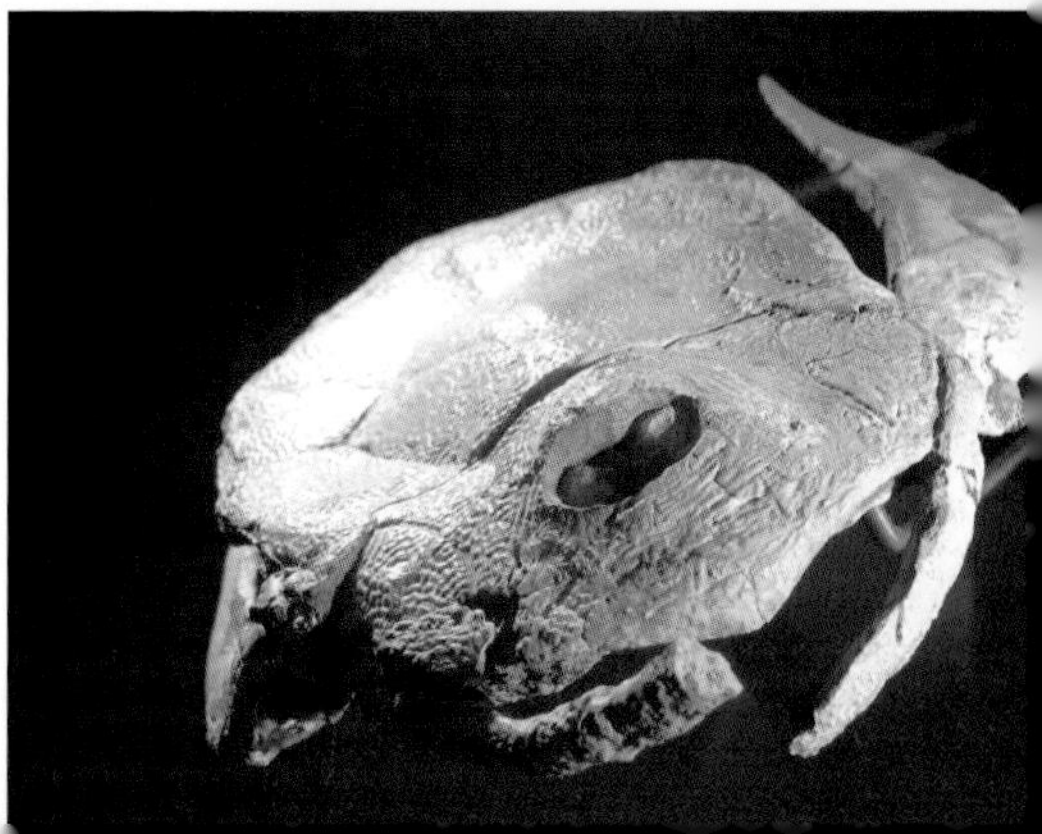

進化したサメが海の王者に君臨!

最初にアゴを獲得した魚類、板皮類たちはデボン紀の海を制していましたが、次第に勢力を弱め、石炭紀が始まる頃には姿を消してしまいます。代わって海の覇権を握ったのは軟骨魚類。軟骨魚類とは、現在のサメやエイにつながる魚たちで、約3億5900万年前、地球に登場して間もない頃にはすでに現生のサメにつながる種が姿を現しています。すなわちサメは、ある意味で約4億年も昔から「海の覇者」であり続けているわけです。

だからといって、初めからサメが完成形であったわけではありません。なぜなら、すでに絶滅したサメには、じつにユニークで不思議な姿をした種が少なからずいるからです。

たとえば、頭にL字型のトゲをもったファルカタスという全長20㎝ほどの小型のサメや、背中に「おろし金」のような突起物をもったアクモニスティオンというサメもいました。そして、圧倒的に風変わりな姿をしていたのが、アンモナイトの殻のような渦巻き状の歯をもったヘリコプリオンです。この絶滅種は、特異な歯の化石が見つかっているだけで、それがどこにどうついていたのか、なぜついているのかなどの詳細は不明です。

しかし、一見してその機能がわからない部位をもつものがいたことは、古代からサメは進化に貪欲で、そうした前向きさで種としての繁栄を築いてきたともいえるでしょう。

なお、デボン紀後期には、クラドセラケという体長2mほどの大きなサメも登場しました。このサメは、水の抵抗を少なくするために流線型をしていて、大きな胸ビレと尾ビレをもっていました。いうまでもなくこれは現生するサメの形であり、それが3億6000万年以上も前から存在していたことに驚かされます。胸ビレは船でいうと舵に相当し、尾ビレはエンジンにあたります。きっとクラドセラケは、当時のほかの魚類とは比べものにならないほどの遊泳能力をもっていたにちがいありません。そして、その遊泳能力を生かして、多くの海生生物を襲い捕食していたことでしょう。

こうしてサメは、約4億年も前から広い海を同じような姿で生き続けてきました。この間、硬骨魚類、水生爬虫類、クジラなどの水生哺乳類との生存競争にさらされてきましたが、高い攻撃性などを武器にして絶滅を免れてきたのです。なお、生態やその進化の歴史に謎が多い理由のひとつは、サメが、化石として残りにくい「軟骨魚類」ゆえんです。

アンモナイトさながら
に、ぐるぐる巻きになっ
ている「ヘリコプリオ
ンの歯」の化石。

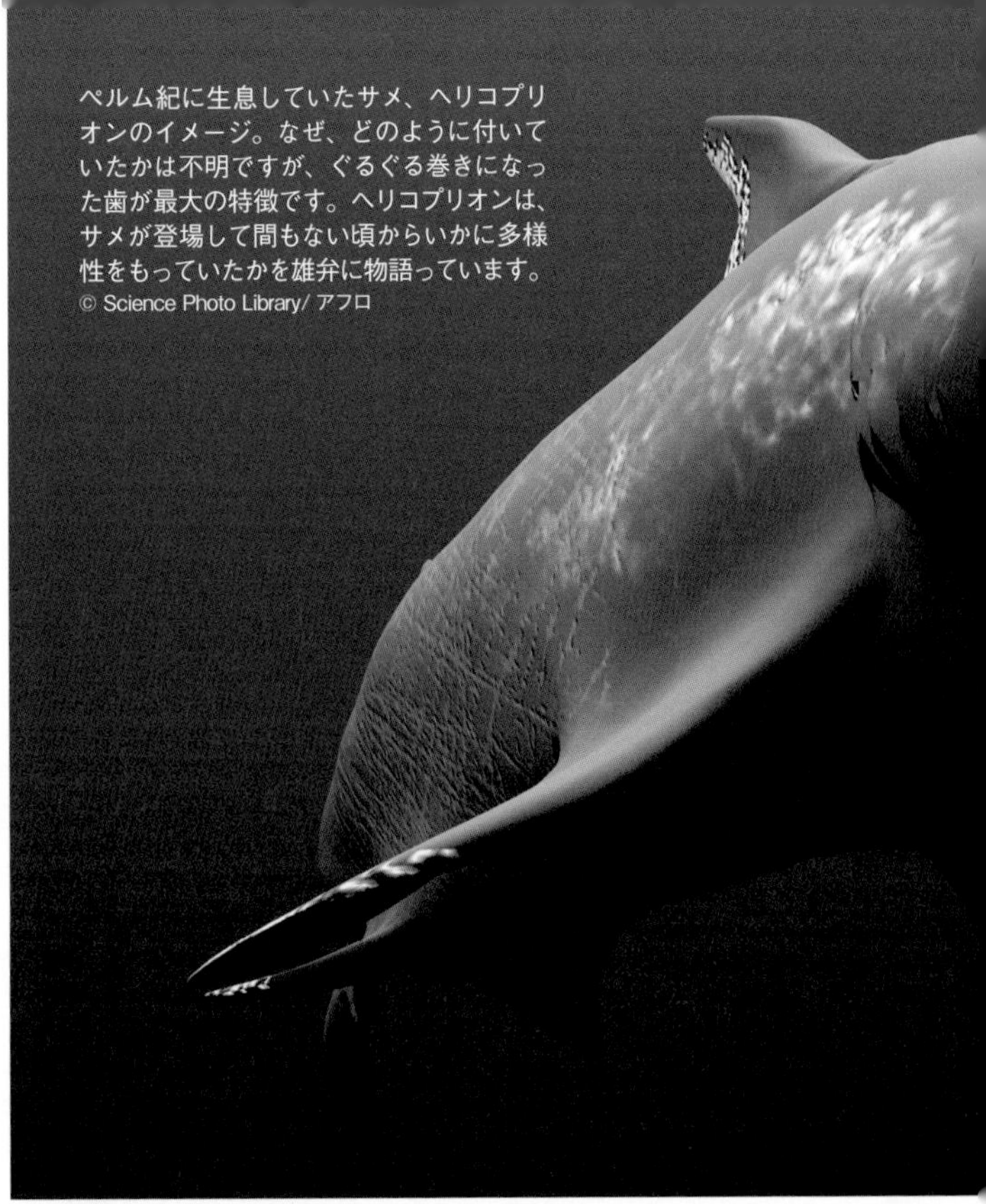

ペルム紀に生息していたサメ、ヘリコプリオンのイメージ。なぜ、どのように付いていたかは不明ですが、ぐるぐる巻きになった歯が最大の特徴です。ヘリコプリオンは、サメが登場して間もない頃からいかに多様性をもっていたかを雄弁に物語っています。

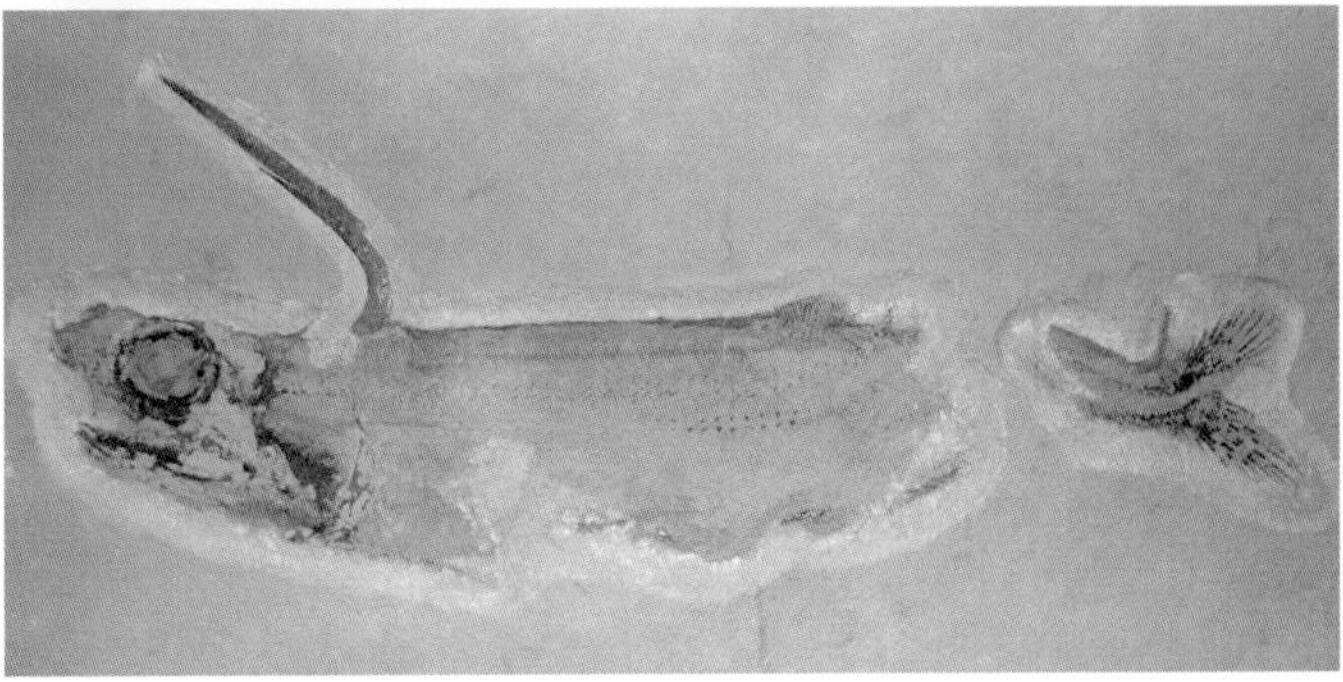

頭部にＬ字型のトゲがある古代サメ、ファルカタスの化石。この不思議なトゲは、繁殖行動に使われていたと推測されています。

魚たちの上陸、肉鰭類の登場

デボン紀から石炭紀へ移り変わる頃、地球上の生物にとって画期的な変化が起こりました。水中から陸上へと生活の場を移す動物が現れたのです。こうした変化が起きたのは、内陸の川沿いにある湿地帯（当時、動物世界の中心地は大海原）からすると辺境の地ともいえる内陸で、地球のようすを一変させてしまう出来事が起きたのです。

湿地帯のため水の量は増減し、酸素の量も一定ではない過酷な環境でしたが、海洋世界を支配した凶暴な動物は陸地までやってきません。そこは弱いながらも、細々と生きていた魚たちがやっと見つけた安住の地だったのでしょう。やがて、そうした魚たちのなかから、ユーステノプテロンに代表されるような、頑丈なひれをもつ肉鰭類《にくきるい》が現れます。彼らのひれには硬い骨があり、その周囲には筋肉がありました。こうした構造は、のちに現れる動物たちの「四肢」の構造とよく似ています。肉鰭類がひれを発達させたのは、上陸するためではなく、浅い水辺をスムーズに移動するためだったようです。内陸の湿地帯は水深が浅く、植物が茂っていました。海のように水深の深い場所ではひれは舵の役割を果たしますが、水深が浅い場所では水をかきながら進む必要があるので、ひれを頑丈にする必要があったのです。肉鰭類が生息した場所は、ときに落ち葉や流木などもあったはずですが、それらも発達したひれでかき分けることができました。その後さらにひれを発達させて、腕立て伏せのような体勢で浅瀬を泳ぐティクタリークなども登場し、沼地や干潟など、もっと水が少ない場所にも適応できる生物が増えていきました。

淡水に暮らす生物の変化はひれだけではありません。淡水は塩分濃度がほぼ0％の環境です。塩分濃度の高い海水にいた魚類がそのまま淡水にいくと、浸透圧の関係で細胞が膨れ上がり死に至ります。それを防ぐため、腎臓が余計な水分を体の外へ出すしくみをつくり上げました。さらに、カルシウムやリンなどのミネラル分が少ない淡水でも、ミネラル分を補給できるように、骨にミネラル分を貯蔵するしくみをつくりました。また、内陸の湿地帯では水量が少なく植物も多いので、水中の酸素量が不足しがちです。エラだけでは必要量の酸素を確保できないため、空気から直接酸素を取り入れる肺を発達させていきます。こうして、淡水にやってきた魚類たちは、上陸に必要な機能を徐々に手に入れていったのです。

デボン紀後期に現れた、淡水の浅瀬で生息していた肉鰭類の代表格、ユーステノプテロンの化石。全長はおよそ40㎝～1.5mとさまざま。骨と筋肉がついて頑丈に発達した胸ビレが最大の特徴で、これは、のちに出てくる動物の「四肢」の原型と考えられています。

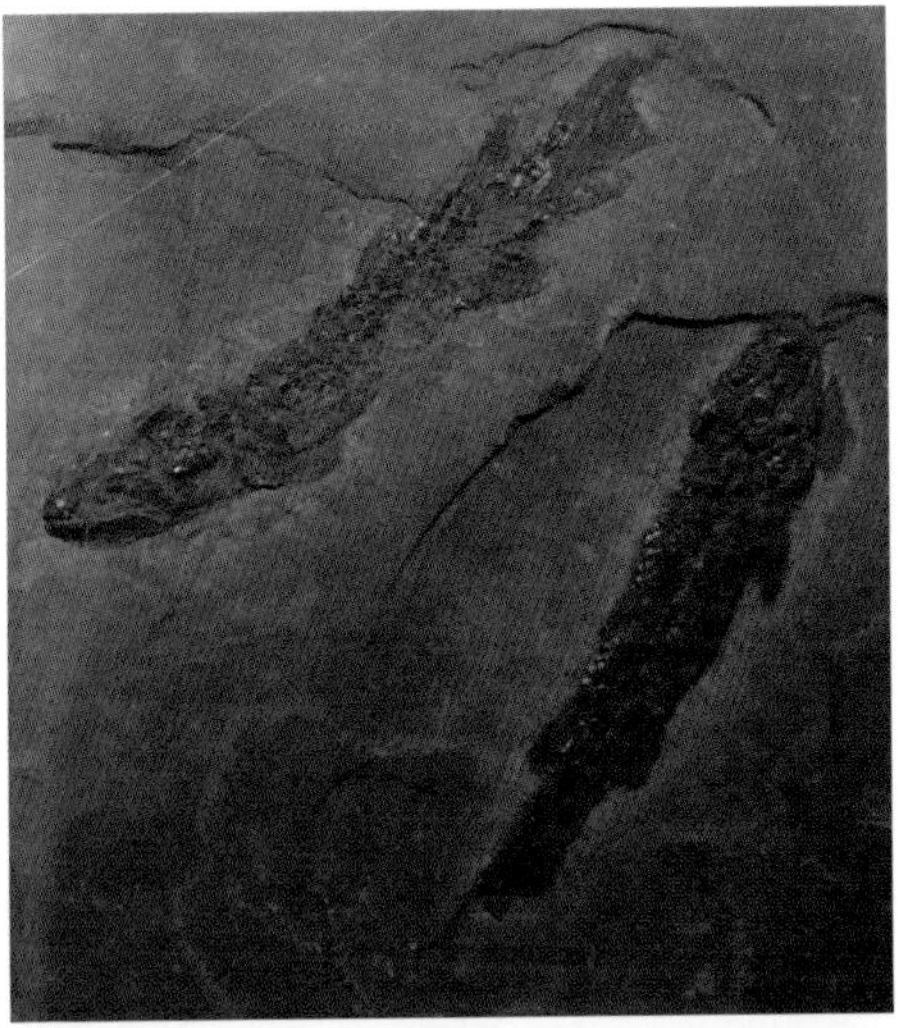

デボン紀中期に生息していた肉鰭類、オステオレビスの化石。全長は50㎝ほど。肉鰭類は、現生するシーラカンスや肺魚の仲間たちのほか、オステオレビスら四肢動物へとつながる系統に分岐していきました。

3億7500万年ほど前に現れた肉鰭類、ティクターリクの化石。頑丈なひれを武器に、浅瀬でも泳ぐ力をもっていました。

両生類の誕生と陸上生活の始まり

約3億6500万年前のデボン紀後期、脊椎動物で初めて四肢をもった動物が現れます。最初期の四肢動物としてよく知られているのが、アカントステガとイクチオステガです。肉鰭類が発達させたひれをさらに進化させ、それを四肢とした両生類でした。彼らの四肢には、現在の四肢動物に見られる上腕骨、橈骨《とうこつ》、尺骨《しゃっこつ》と共通する骨が存在するだけでなく、先端部分には指の骨ができていました。

ただ、四肢をもっていたからといって、陸上を自由に歩き回れたかというと、そうではありません。陸上での生活に適応してはいますが、水辺で生活し、水中で産卵しました。水中では、水の浮力があるので体が自然に浮き上がり、移動が楽になります。しかし陸上では、地球からの重力をそのまま体に受けることになるのです。その点、アカントステガの四肢は、自重を支えられるほど強くありませんでした。さらに、肋骨が短く陸上で内臓を保護できない構造だったため、アカントステガは底の浅い水辺を歩くように移動し、ときおり水面から顔を出して呼吸をしていたのではないかと考えられています。

いっぽう、肋骨が長く肩が頑丈なイクチオステガは、陸に上がっても前肢で上半身を支えることができていたようです。しかし、後肢が貧弱だったために、現在のアシカやアザラシのように、前肢を使って陸地を這うように移動していたと考えられています。

完全な陸上生活はできないものの、アカントステガとイクチオステガは水中から陸上へ生活空間を移す方向に進化しました。なぜ、このような進化をしたのでしょうか。

はっきりとした理由はわかっていませんが「天敵から身を守るため」と考えられています。この時代の川や湖などには、ハイネリアと呼ばれる全長3～5ｍもあるどう猛な魚類のほか、巨大な肉食魚類が登場しています。こうした捕食者に襲われないよう、体が大きい彼らが入ってくることができない水際の浅瀬に生息域を移してきた動物たちがいました。それらの動物たちのなかから、アカントステガやイクチオステガが現れたというわけです。

その後、四肢をさらに進化させて、完全な陸上生活に移行した動物が現れます。化石としては、約3億5000万年前に登場したペデルペス（両生類）や約2億8200万年前（ペルム紀）に登場したディスコサウリスクス（同）などが見つかっています。

約3億6500万年前、最初期の両生類のひとつとして登場したイクチオステガのイメージ。肉鰭類のひれが発達し「指をもった四肢」となり、上陸して前肢を使って移動できたと考えられています。また、太くて長い肋骨が内蔵を守っていました。
© Science Photo Library/ アフロ

水辺に生息していた両生類、ディスコサウリスクスの化石。

ペルム紀の成功者、単弓類の出現

ペルム紀に入ると、動物の陸上進出が進んで、爬虫類などの陸生動物がたくさん姿を現しました。これらの動物は、水のない陸上でも乾燥から卵を守るための羊卵膜を獲得したことで、産卵のために水のある川辺などに戻らなくてもよくなりました。その結果、大陸の内部にまで生息域を広げていったのです。

この時代に繁栄したのが単弓類です。人間の頭骨には目の穴と鼻の穴が開いていますが、単弓類は眼窩と鼻孔以外に左右ひとつずつ穴が開いているグループです。「単」は「ひとつ」、「弓」は頭骨のこめかみ部分にある「もうひとつの穴」を指し、そこから単弓類と命名されました。その姿は恐竜のようで、背中に巨大な扇子のような帆をもっていたディメトロドン、頭部にいくつもの突起をつけたエステメノスクス、カメのような姿をしたカセアなど、さまざまな種が存在します。外見から、恐竜の祖先と思われがちですが、じつは人間を含む哺乳類の祖先にあたります。かつて単弓類は「哺乳類型爬虫類」と呼ばれ、単弓類の一種が哺乳類の特徴をもつようになったと考えられていました。しかし研究の結果、単弓類は両生類から分岐し、爬虫類とはまったく別の道筋を進化してきた生物だとわかっています。

単弓類をもう少し細かく見ていくと、石炭紀後期の約3億1130万年前に出現した盤竜類とペルム紀以降に現れた獣弓類《じゅうきゅうるい》に分かれます。先に現れた盤竜類は、爬虫類とよく似た頭骨とアゴをもっているものが多く、ディメトロドン、エステメノスクスなども盤竜類の仲間です。この盤竜類は、ペルム紀末に絶滅しています。

これに対して、あとから現れた獣弓類は、その姿がトカゲから哺乳類へ近づいていきます。たとえばキノドンの仲間は、四肢が胴の下に真っ直ぐ伸びていました。爬虫類は足が胴の横に伸びているので、動きがノソノソと遅くなります。しかし、足が下に伸びていることで、キノドンの仲間は素早い移動、ひいては瞬時の捕獲ができたことでしょう。さらに、犬歯や臼歯も発達していたことから、獲物を丸のみするのではなく、細かく噛みくだいて食べていたことがうかがえます。これによって獲物を食べてから消化する時間が短くて済むようになり、効率的にエネルギーをつくり出すことができるようになりました。獣弓類はペルム紀末に絶滅してしまいますが、生き残ったものが哺乳類へと進化していきます。

ペルム紀前期に生息していた単弓類（盤竜類）のディメトロドン。当時の陸生生物の頂点に立っていた肉食動物。背中にある、細長い骨に皮膚が張られた「帆」が最大の特徴でしょう。帆は体温調節するための部位、繁殖行動（ディスプレー）のための道具とする説が有力視されています。全長は 1.7 ～ 3.5 mほど。化石は北アメリカで数多く発見されています。

4億4000万年〜2億9900万年前

藻類が上陸し、やがては森が生まれた

植物はどのようにして仲間を増やしていったのでしょう。陸上植物の祖先にもっとも近いとされるのは、緑藻の仲間であるジャジクモ類です。ジャジクモ類は、光合成を担当する酵素や生殖細胞の構造などが陸上植物とよく似ています。しかし、ジャジクモ類はあくまでも藻類なので、水がなければ生きていけません。藻類が陸上に出ていくためには、乾燥対策や紫外線対策などが必要でした。いくつかの課題を克服して陸上に進出した生物のなかで、全体像がわかる最古の植物と考えられているのが、シルル紀中期の地層から見つかったクックソニアの化石です。クックソニアは、根や葉をもたず、高さは10㎝程度。先端部分に胞子嚢をつくることで、空気中でも繁殖できるようになっていました。また、乾燥対策のために、体内の水分が蒸発するのを防ぐためにクチクラ層という膜で表面を覆い、まだ不完全ではあったものの水や養分を運ぶ通道組織をもっていました。

デボン紀になると、通道組織を発達させ仮道管を備えた植物が登場します。これが維管束に発展し、シダ植物や種子植物へつながっていきます。維管束ができたことで、植物は重力に負けることなく自重を支えられるので体を巨大化することができるようになりました。

植物が陸地に茂り始めた頃、ダニなど小型の節足動物も上陸していました。こうした植物や動物の死骸は、菌類や微生物によって分解され豊かな土壌をつくります。また土壌は、水だけでなく、鉱物から溶け出した栄養塩も蓄えていました。この水や栄養分を吸収しようと、維管束植物は次第に根を発達させていきます。同時に、体の先端部分には葉をつけ、光合成を効率的に行うしくみも備えていきました。こうして発展したシダ植物などの維管束植物の一部が大きな樹木となり、デボン紀後期には「最初の森」がつくられるまでになったのです。続く石炭紀は、シダ植物を中心に植物は多様化し、より太陽光を得ようと高さ30～40ｍもの巨大な種が生まれました。代表的な巨木は、シダ植物のリンボクやフウインボク、ロボクです。また、石炭紀後期には種子をもったシダ植物、シダ種子類も誕生しています。

そして石炭紀の巨木の森は、石炭というかたちで現代の人々の暮らしを支えています。石炭は地下に埋没した植物の遺骸が長期間にわたり地熱と高圧で変化したものです。

シルル紀中期に現れた、全体像がわかっている最古の陸上植物、クックソニアのイメージ。根や葉はなく、先端には楕円形の胞子嚢がついています。高さは10cm程度。

湿地帯で現生するトクサの先祖にあたる、石炭紀の代表的な巨木のひとつであるロボクの幹の化石。水辺で繁殖し、高さは20 mにもなりました。

リンボクの仲間であるフウインボクの幹の化石。こちらの樹高は25 mほどありました。

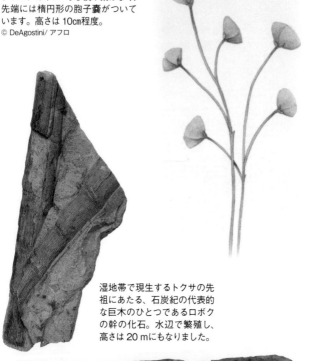

幹の直径は2m、樹高は40mにも及んだ石炭紀の巨木、リンボクの幹の化石。葉が落ちたあとが、ウロコ状の形をしていることから「鱗木」と命名されました。

大森林を物語る珪化木（けいかぼく）の化石（新生代第三紀）が横たわる、アメリカ・アリゾナ州の化石の森公園。

ハネのような翅を得た昆虫の大繁栄時代

陸上に巨大なシダ植物が茂り、湿地帯を中心に森ができ始めた頃、脊椎動物たちよりも先に陸地で勢力を拡大した動物がいました。昆虫類です。

昆虫は、節足動物の仲間で、長いあいだ、ムカデやヤスデなどの多足類から進化したと考えられていましたが、DNA解析の結果、ミジンコやフジツボなどの鰓脚類《さいきゃくるい》に分類される甲殻類により近いことがわかりました。

これまで発見されたなかで最古の昆虫化石とされるのは、スコットランドで産出した約4億年前のトビムシ類です。4億年前といえばデボン紀前期ですが、姿形は現生のトビムシ類とほぼ変わりません。もし、その時点で進化が完成形に近いところまできていたのであれば、昆虫類はそれより前のシルル紀から上陸していた可能性もあります。

石炭紀の陸地に繁殖したシダ植物の大きな森が昆虫にとって格好の住み家となり、大繁栄へとつながります。昆虫は成長が早いため、短期間で世代交代を行いスピーディに進化していきました。さらに、体が小さいことで、食べ物が少なくても活発に動き回ることができたこと、種ごとに食べ物を変えることで同じ環境に複数の種が暮らせるなど利点がいろいろあったのです。

繁栄した石炭紀の昆虫の成虫には、胸部の節に一対ずつある足とは別に、背中かから突き出た対になる羽根のような翅をもち、空を飛ぶ昆虫が現れました。翅を得て最初に空へ進出したのは、トンボやカゲロウの仲間だと考えられています。カゲロウの幼虫は、水中で生活してエラ呼吸をしますが、なかにはエラで水をかいて泳ぐ種もいました。さらに、石炭紀の地層からは、実際に、エラが発達した昆虫の化石が見つかっています。これらのことから、「当初は泳ぐために発達させたエラでしたが、昆虫が陸上へ出ていった際に、エラを空を飛ぶための翅に進化させた」と考える説があります。

翅の獲得で昆虫の生活は大きく変わりました。行動範囲が広がり、食べ物や異性に出会う確率が増え、暮らしやすい環境を見つけることも簡単になりました。そして、メガネウラのように、ハネを広げると70㎝以上にもなる巨大なトンボの仲間なども登場。今では昆虫は80万種以上が知られており、地球上でもっとも繁栄した動物群になっています。

石炭紀の巨大なシダ植物の森で暮らす、史上最大の昆虫として知られるトンボの仲間、メガネウラのイメージ。

メガネウラの化石。ハネを広げると70㎝という巨大なトンボの姿をしていました。

地球史上最大の大量絶滅が勃発！

地球には何度か大量絶滅が起きていますが、約2億5200万年前、ペルム紀末に起こった「P－T境界大量絶滅」は海洋生物の96％、生物全体で90％の種が絶滅した地球史上、最大規模のものです。そして、これまでひとつの絶滅事件だと思われていたP－T境界大量絶滅は、最近の研究で、ふたつの連続した事件により起きていたことがわかってきました。まず2億6000万年ほど前、ペルム紀中〜後期のあいだで「G－L境界絶滅」という絶滅事件が起こります。この絶滅の原因には、寒冷化とそれにともなう海水面の低下が挙げられます。G－L境界絶滅が起こる少し前から、地球の地磁気は、たびたび反転していました。この地磁気逆転の時期に、大気中に多量の宇宙線が入ってきて厚い雲がつくられやすい環境になりました。地球規模で雲に覆われると、太陽エネルギーは地表に届かなくなり寒冷化していきます。その影響で、さまざまな生物が絶滅してしまいました。

その後、G－L境界絶滅を生き延びた生物は、寒冷化が繰り返されるペルム紀後期を生きるのですが、その痛手から回復する間もなく、さらなる試練に襲われます。現在のシベリアにあたる地域で、長さ50㎞にも及ぶ地表の裂け目ができ、大規模な火山活動が起きたのです。そして、大地の裂け目は無数に誕生し、激しい噴火活動は100万年以上も続いたのです。

この噴火活動を起こした原因は、マントルの巨大な上昇流であるスーパープルームです。スーパープルームが引き起こした火山活動は、多くの生物を死に追いやりました。まず、噴火口から流れ出した大量の溶岩が森を焼き、生物の食べ物や住み処を奪い去ります。さらに、生物にとって有害な硫化水素や重金属などもまき散らしました。そして、大量に放出された水蒸気やチリなどによって、太陽光は遮られ、再び地球は寒冷化していったのです。

太陽光の減少は、光合成によって食物連鎖の底辺を支える植物や植物プランクトンに甚大な被害を及ぼし、大量の生物が連鎖的に餓死しました。光合成生物が激減してしまったため海中に酸素が供給されなくなり、酸素欠乏状態に陥ったのです。これを「海洋無酸素事変」といい、この状態が数百万年も続いた結果、三葉虫、フズリナは絶滅。アンモナイト、腕足類、爬虫類、哺乳類も数種を残して激減しました。こうして、ふたつの大量絶滅が重なり、カンブリア大爆発以来続いてきた古生代は終わりを告げたのです。

ロシアのウラル山脈の東側、中央シベリア高原に広がるシベリア・トラップ（プトラナ台地）。中央シベリア高原の面積は日本の約5倍、厚さは最大で3700 m。ここは約2億5200万前、ペルム紀に起きた巨大な火山噴火によって形成されました。地球内部から噴出した、太古の玄武岩質の溶岩でできています。

© Russian Look/ アフロ

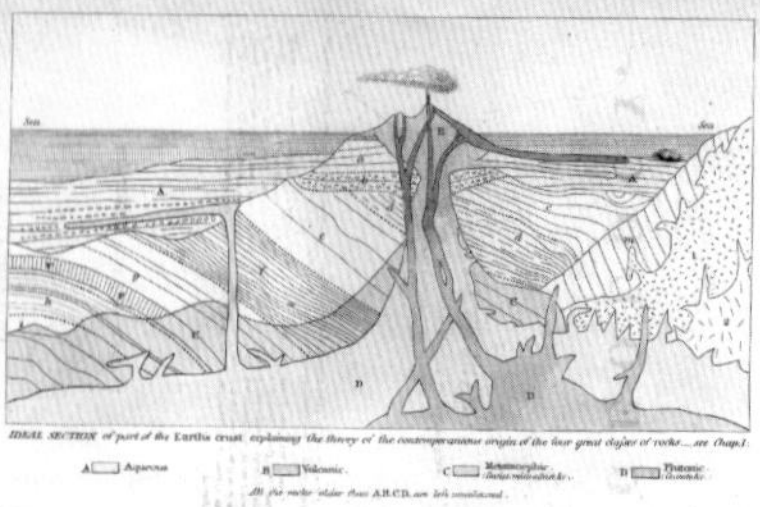

『地質学原理』の口絵。

『地質学原理』の チャールズ・ライエル（1797－1875年）

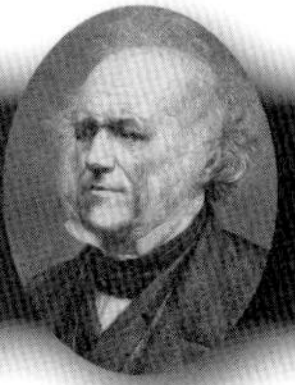

チャールズ・ライエルは、現代地質学を確立した「地質学の父」と呼ばれるイギリスの地質学者です。地質学の基本的な原理を述べた『地質学原理』の著者としても広く知られています。

ライエルは、「大異変がなくとも、非常に長い時間があれば、一定の小さな変化の積み重ねが大きな変異を生み出す」というジェームズ・ハットンの考えを受け継ぎました。「現在は過去の鍵である。地球の地質現象は今も昔も同じ法則に従っている。過去の地質現象は、現在の地質現象を調べることで解明できる」と考えた彼は、地質学の研究は科学なのだとし、迷信（旧約聖書にある『天地創造』や『ノアの洪水』などの「天変地異説」）を排除しました。旧約聖書の『天地創造』や『ノアの洪水』などの記述を正しいとする「天変地異説」に対し、この「斉一説」の考え方は、さまざまな地質学的発見によって支持を広げていきました。ライエルが確立した斉一説は、友人であるチャールズ・ダーウィンの「自然選択説」にも大きな影響を与えています。

第5章 恐竜の時代

三畳紀後期〜ジュラ紀前期に生息していたとされる、単弓類（獣弓類）から進化したキノドン類、さらにそこから進化したモルガヌコドン類に属するメガゾストロドンのイメージ。これは真の哺乳類へとつながる、最初期の哺乳形類の一種です。

最初期の哺乳類の化石が発見されている、ペトリファイドフォレスト国立公園（アメリカ・アリゾナ州）。三畳紀のチンル層という独特な色合いをもった地層には、樹木の化石が大量に含まれていることでも有名です。

三畳紀後期、哺乳類の先祖が登場！

約2億5200万年前、古生代に終止符を打つ地球史上最大のP－T大量絶滅で、海にいた無脊椎動物の種は約7割が絶滅。地球は、次の生物出現まで数百万年以上の眠りにつきました。中生代に入り、生き残った生物のうち陸上で中心となったのが単弓類です。

たとえば、その一類であるディキノドン類のリストロサウルスは、化石がアフリカ、アジア、ヨーロッパ、南極などで発見されており、パンゲア全体を移動していたと考えられています。別の一類であるキノドン類のトリナクソドンは全長約50㎝。三畳紀中期～後期に単弓類は主役の座をクルロタルシ類に奪われますが、これら小動物は夜に活動し、昆虫を食べて細々と生き抜きました。そしてトリナクソドンが進化して「哺乳類の祖」が誕生します。モルガヌコドン類などのネズミに似た小動物で、爬虫類や初期の単弓類とは異なる特徴を備え、それゆえ哺乳形類と呼ばれる最初期のグループとなりました。

ところで、哺乳類のおもな特徴には次の3つが挙げられます。

①内温性＝爬虫類は気温の上昇で体温も上がり活発となり、下がれば体温も下がり動きが鈍る変温動物だが、哺乳類と鳥類は気温に関係なく体内の代謝で体温維持が可能。
②二次口蓋＝鼻腔と口腔を隔てる骨で、鼻と口が完全に分かれている。これがない爬虫類は食べ物が口に入ると息ができない。哺乳類は物を食べながらでも呼吸が可能。
③横隔膜＝胸腔と腹腔を隔てる筋肉性の膜で、肺の容量を変化させることができる。縮んで下に動くと胸腔が広がって空気が肺の中に入り、緩んで上に動くと肺から出る。二次口蓋も横隔膜も、酸素を効率的に取り入れられる呼吸システムなのだ。

モルガヌコドン類は3つのうちいくつかを備えていました。つまり「哺乳類の祖」であっても「真の哺乳類」とはいえなかったのです。それが登場するのはジュラ紀で、両者を分ける特徴は「下アゴの骨」です。「祖」の下アゴは複数の骨で構成されていましたが、「真」では歯骨だけ。この進化は耳の構造にも及びます。「祖」の耳は「あぶみ骨」だけでしたが、下アゴを構成していた複数の骨が耳へと移動、「つち骨・きぬた骨」に変化して「真」では3つの「耳小骨」が形成されました。この進化で哺乳類の聴覚は劇的に向上します。これこそ、すべての四肢動物のなかで「真の哺乳類」だけがもつ大きな特徴です。

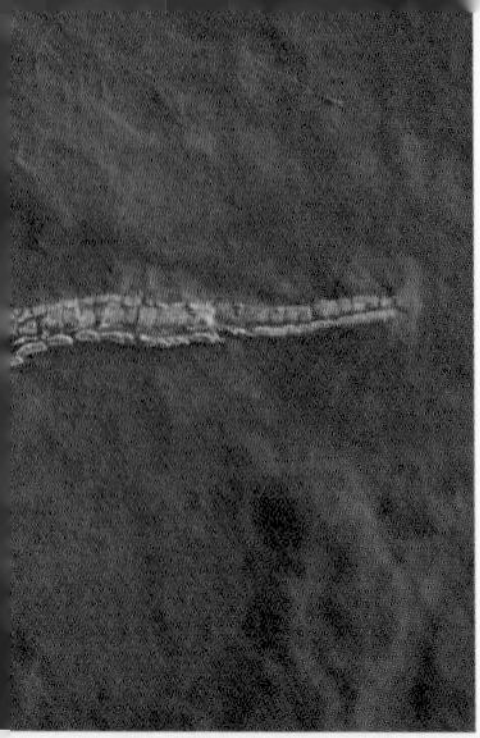

アメリカ・アリゾナ州のジュラ紀の地層で見つかった「最古のワニ」の一種、プロトスクスの全身化石。

パリの国立自然史博物館に展示されている、サウロスクスの雄大な復元全身骨格。
© Alamy/ アフロ

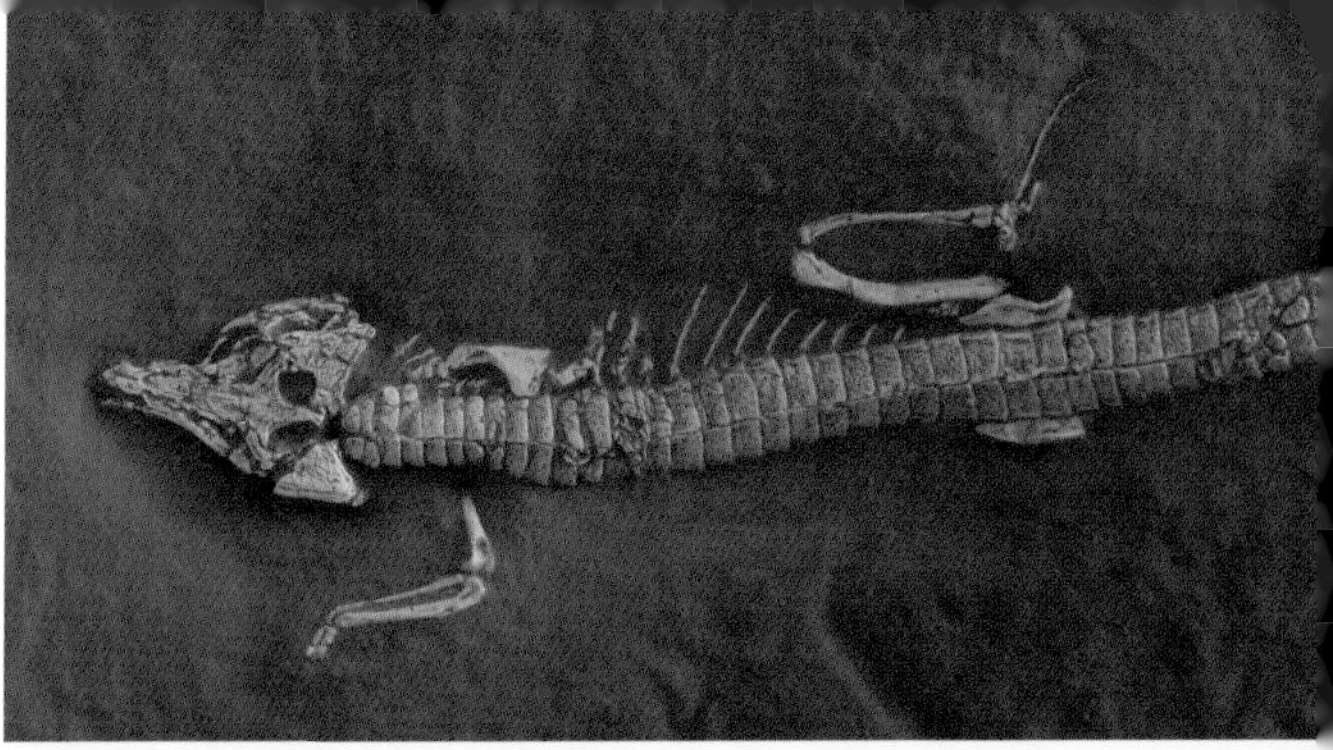

単弓類を追いやったワニの先祖たち

三畳紀は、単弓類、クルロタルシ類、恐竜が生存競争を繰り広げていました。生き残るには「巨大化する・小型化する・速く走る・身を守る皮膚や殻を備える」などの必要があります。三畳紀前期、陸上の中心にいた単弓類が小型するなか、三畳紀中期以降に主役の座に就いたのがクルロタルシ類です。爬虫類のグループで、ここにはワニの祖先が含まれています。クルロタルシ類のなかでも、サウロスクスは圧倒的な存在だったようです。当時の単弓類で最大級のイスチグアラスティアを上回る全長5m、ワニのようでいて、白亜紀のティラノサウルスを彷彿させる姿。しかも肉食性だったため、のちに出現した最初期の恐竜はその脅威のために大型化できなかったといわれます。この時代、恐竜はまだ生物界の頂点に立っていませんでした。なお、クルロタルシ類には草食性のものもいます。全長1～3m、体全体が厚い皮膚で覆われたアエトサウロイデスがその一例です。また、シロスクスは、ワニよりも恐竜のような姿をしたクルロタルシ類です。ダチョウ型恐竜のオルニトミムスに似た姿で全長6m、下アゴに歯がない草食性でした。首長で小さい頭をもち、長く伸びた細い後肢で二足歩行し、活発に走り回ることができたと考えられています。

このように、さまざまな形態を手に入れたクルロタルシ類ですが、三畳紀後期には、現生ワニへとつながる「ワニ形類」が出現します。サウロスクスなどと見た目は変わりませんが、鼻孔の位置が高くなり、水中に潜んで獲物を狙うことができる点は進化の証です。

代表格のプロトスクスは全長1m。頭部の幅が広くなり、防護力を高めるために「背鱗板」という堅いウロコを背に2列もっていました。背鱗板はのちに、白亜紀の4列を経て現生ワニの6列へと進化します。防護力を強化すると同時に、分割することで柔軟性が高まったのです。プロトスクスは、見た目から「最古のワニ」とも呼ばれています。

しかし、ワニ形類を含むクルロタルシ類と、現生ワニとは決定的な相違がありました。前者は、四肢が体からまっすぐ下に伸び、直立歩行して陸上を中心に繁栄しました。それに対して後者は、四肢が体の横から水平に伸び、這い歩き、水辺を中心に棲息していました。

その後、三畳紀末に起きた大量絶滅で、多くのクルロタルシ類は絶滅しますが、ワニ形類は生き延びて、ジュラ紀に台頭した恐竜と生存競争を繰り広げることになります。

アルゼンチンのサンファン州にあるイスチグアラスト州立公園。ここは三畳紀の地層が豊富に見られ、最初期の恐竜の化石が産出されることで知られています。写真は「月の谷」と称される場所で、手前にある巨大なキノコのような岩は通称「盆の塔」。

「恐竜の祖」がついに現れた！

三畳紀前期、恐竜らしき動物は、単弓類やクルロタルシ類の脇役でしたが、他方で恐竜の前身とされる「恐竜形類」が出現していたことがわかっています。

2000年、ポーランドのホーリークロス山脈で、約2億5000万年前の岩石からプロロトダクティルスという動物の足跡の化石が発見されました。足跡から推測される姿は、異様に長い四肢が体からまっすぐ下に伸びているトカゲです。最初期の恐竜というべき恐竜形類は、「小型で直立歩行する」爬虫類だったのです。この恐竜形類は、三畳紀中期には世界中へ分布し、三畳紀後期には「恐竜」が生まれました。とはいえ、白亜紀のそれとは姿かたちがまったく異なります。これら小型動物を「恐竜の祖」としたのは、のちの大型恐竜に見られる体の構造につながる前兆が見てとれたからです。

エオラプトルの歯型は、肉食性（歯は鋭く、捕えた獲物を逃さないように先端が奥に向かって曲がっている）と草食性（歯は縁がギザギザしている）の両方を備える雑食性で、白亜紀「竜脚形類」のアルゼンチノサウルスと共通するところがあります。この類は、小さい頭、長い首、樽のような胴部、長い尾が特徴で、主として草食恐竜のグループです。

エオドロマエウスは完全な肉食性で、首の骨が空洞になっているなど、白亜紀「竜盤類」のティラノサウルスと共通点を多くもっています。この類は、すべての肉食恐竜が属するグループですが、獣脚類すべてが肉食性というわけではありません。また、ピサノサウルスは速い足で肉食恐竜から逃げ回っていたと考えられています。歯型は、草食性に特化されており、白亜紀の「鳥盤類」、トリケラトプスと共通点があります。この類は、すべてが草食性で、剣竜類、曲竜類、角竜類、堅頭竜類などグループは多様です。

小型恐竜は三畳紀後期に大型化し、全長18mのレッセムサウルス（竜脚形類《りゅうきゃくけいるい》）などが登場しますが、まだクルロタルシ類には全長10mのファソラクスクなどがおり、生態系の中心ではありませんでした。彼らが主役になったのは、三畳紀末期の「T-J大量絶滅」のあとのことです。繁栄した理由は、ワニ形類を除くクルロタルシ類が絶滅したこともありますが、彼らが生き残れたのは「単に運がよかったから」という説と「直立歩行による俊敏性と内温性を備えるなど、体の構造がすぐれていたから」という説があります。

ジュラ紀の王者、肉食恐竜のアロサウルス（右）が草食恐竜のステゴザウルス（左）を追い詰めているイメージ。アロサウルスは全長８ｍ超、体重は1.5トン超。薄くて切れ味満点の歯をもち、前肢の３本の指で獲物を押さえ込むこともできます。ステゴサウルスは全長６ｍ超、体重３トン超。尾には、スパイクと呼ばれる鋭い針状の武器を備え敵に対抗したとされます。

ジュラ紀、北アメリカに生息していた草食恐竜のアパトサウルス。アロサウルスを筆頭とした獣脚類には食べられてしまう立場にあり、捕食者よりも巨大化することで対抗したと考えられています。誕生時は30㎝足らずの体長が、１年間で５トンにも成長していたというのですからすごい成長力です。成体では全長が25ｍにもなります。

ジュラ紀、巨大化した草食恐竜

三畳紀末期の大量絶滅で生き残ることができた恐竜は、次のジュラ紀で大繁栄し、中生代は「恐竜の時代」となりました。肉食恐竜のアロサウルスが食物連鎖の頂点に立ち、いっぽうで竜脚類と呼ばれる草食恐竜のグループは著しく巨大化しました。恐竜は、骨盤の形状から鳥盤類と竜盤類に大別されます。さらに竜盤類は、おもに草食の竜脚形類(古竜脚類・竜脚類)とアロサウルスやティラノサウルスなどの肉食の獣脚類に分けられます。このうち竜脚類の巨大化には、「三畳紀後期のイサノサウルス=全長約12~15m」→「ジュラ紀後期のアパトサウルス=全長約25m」→「白亜紀前期のディプロドクス=全長約30m」といった大きな流れがあります。また、アパトサウルスは孵化したときが約30㎝ですが1年間に5トンも成長し、12~14歳で成体になっていたと考えられています。

では、なぜ竜脚類はこれほど巨大化したのでしょう。それは「アロサウルスら獣脚類から身を守るため」という説が有力です。竜脚類とその捕食者にあたる獣脚類の化石がセットになって発見されることから、食う側と食われる側とが競い合うように成長していったと考えられています。また、巨大化できた要因には、おもに次の3つが挙げられます。

①ジュラ紀の二酸化炭素濃度は、現在の7～8倍。極度の温室効果により植生が広がり、食糧が十分にあった。それを大量に食べ、効率よく消化するために消化器官が長大化。この繰り返しで、胴部が巨大化していった。

②全身の細胞が生き続けるためには大量の酸素が欠かせない。竜脚類は「空気を貯める袋」である「気嚢」を備えており、効率的に酸素を取り入れることができた。そのため、低酸素だった三畳紀を生き延びることができ、酸素濃度が回復したジュラ紀では、さらに高い代謝が可能になって巨大化へとつながった。

③巨大化すると体内の熱を逃がしにくくなってしまいます。これに対応するために首や尾をさらに長大化させ、放熱していました。この繰り返しでどんどん巨大化していったのです。

しかし、巨大化には限界があります。計算上、140トンを超えると四肢が太くなり自力歩行はできません。また、動物の体温は45度を超えると体をつくるタンパク質が凝固し生命維持ができなくなります。事実、全長40m級の超巨大恐竜化石は見つかっていません。

ジュラ紀後期〜白亜紀前期にかけて生息した、巨大な草食恐竜ブラキオサウルス。全長は 25 m、体重は 20 〜 50 トンと判然とはしていません。前肢が後肢よりも長く、長く発達した首を持ち上げて木の葉などを食べたと考えられています。膨らんだ鼻面、頭部でもっとも高いところに鼻腔があるのも象徴的。
© BSIP agency/ アフロ

白亜紀の北アメリカに生息していた草食恐竜、トリケラトプスの全身骨格の複製標本（ロサンゼルス自然史博物館所蔵）。頭部に生えた 3 本の角が代名詞。全長は 8 m、体重は 9 トンにもなります。

白亜紀末期に出現した翼竜、ケツァルコアトルス。アズダルコ類という巨大翼竜が多くいるグループに属しています。両翼を広げた幅 10 m超（推定）は史上最大級。翼竜は、三畳紀のプレオンダクティルス、ジュラ紀のダーウィノプテルス、白亜紀に生まれたプテラノドンと、巨体の種が新たに生まれるたびに、それまでの小さな種は姿を消しました。

円錐形をした「スピノサウルスの歯」の化石（歯冠長 12.5㎝）。スピノサウルスは、全長およそ 14 m、白亜紀、アフリカ大陸北部の水辺に生息し、おもに魚類を食べていたと推測される肉食恐竜。骨格化石から、背中にはたくさんのトゲのような突起があることがわかっていますが、その用途は謎のままです。

恐竜の多様化と暴君ティラノサウルス

恐竜の多様化や繁栄は白亜紀とするのが一般的ですが、近年、ジュラ紀中期には多様化の萌芽があったことがわかってきました。

たとえば、1億6400万年～1億5900万年前というジュラ紀中期～後期の地層が露出する中国新疆《しんきょう》ウイグル自治区のジュンガル盆地では、「小型恐竜の化石」が相次いで見つかっています。この小型恐竜たちが、白亜紀の大繁栄の兆候とされているのです。

ジュンガル盆地で見つかった化石のひとつは、全長3m、最古級のティラノサウルス類に属するグアンロンで、後年、肉食恐竜の頂点に立つティラノサウルスの祖先型です。同様に、獣脚類のリムサウルスは、全長1・7m。こちらは、「角をもつトカゲ」を意味するケラトサウルス類の最初期の姿と判明。胃石（消化促進のため石を呑み込んで食べ物をすりつぶした）が残っていたため、獣脚類ながら草食性だったことがわかっています。また、インロンと名付けられた小型恐竜の化石は全長1・2mほど。トリケラトプスを含む角竜類において最古級の種と考えられ、角竜類がジュラ紀にいたことを決定づけました。

このように、ジュラ紀中期頃には小型恐竜がジュンガル盆地に生息していました。体が何倍もあるような大型の竜脚類マメンチサウルス（全長25ｍ）や中型の獣脚類モノロフォサウルス（全長６ｍ）らの陰でひっそりと暮らしていたようです。彼らは、存在こそちっぽけでしたが、ティラノサウルスやトリケラトプスなど、白亜紀には全世界に拡散し、成功を収めるグループの祖先型だったのです。また、この時期、竜脚類を含めた草食恐竜（小型〜中型）には、肉食恐竜から逃げるために足の速い種や、尾についたスパイクと呼ばれる鋭い針状の武器を備えたステゴザウルスなど、生き残るための策を身につけた種が生まれています。さらに草食恐竜は、種の存続のために多くの卵を産んでいた可能性が高いといわれています。ジュラ紀中期以降、恐竜多様化の兆候は確かにあったのです。

白亜紀に入ると、恐竜は体のデザインを多種多様なものにしていきます。これは、地殻変動が活発化し、ジュラ紀後期に始まりつつあった超大陸パンゲアの分裂が促進されたことが関係しています。パンゲアが北のローラシア大陸と南のゴンドワナ大陸に分かれたことで、恐竜の生息地が広がると同時に隔絶された環境に合わせてそれぞれ進化したのです。こうし

て恐竜は世界に拡散して種を増やし、やがて「大恐竜時代」が到来しました。
全長13m超、体重は8・85トンにも達する地球史上最強の生物、肉食恐竜ティラノサウルスは白亜紀の末期に登場します。ジュラ紀中期頃、前出のグアンロンなどを祖とし、それから4000万年経った白亜紀前期には全長9mほどのユウティラヌスに進化。そしてユウティラヌス登場から4500万年後（今から8000万年ほど前）、北半球の各地にティラノサウルス類が台頭、生態系の頂点に君臨したのです。その最大の特徴は、奥行き1・5m、幅0・6m、高さ1mを超える巨大な頭骨。幅のある頭部についている目は前方の獲物をしっかりと捉えられたし、「極太のステーキナイフ」と形容される歯の長さは最大で30㎝もありました。噛む力は6万ニュートンとアロサウルスの10倍です。また、嗅覚をつかさどる嗅《きゅう》球《きゅう》と呼ばれる脳の部位が、ほかの肉食恐竜と比べて格段に大きく、低周波の音を聴く力も備えていました。きっと、暗闇のなかでも異常なまでの嗅覚と聴覚を利して、獲物を追い詰めたことでしょう。また、巨体

白亜紀末期、北アメリカに王者として君臨していた史上最大級の肉食恐竜、ティラノサウルス。推定される全長は13ｍほど。大きな頭部、太くて長い歯がその強さを印象づけます。尾を水平に伸ばして、重たい頭部とバランスをとりながら歩行していました。あらゆる調査から、成長期にある個体は、1年で最大700kg以上も体重を増やしていたと考えられています。

ゆえにさほど速くは走れなかったと思われていましたが、尾や大腿骨、筋肉の構造から、尾を振りながら走ると当時の恐竜界では最速の時速50㎞で走ることができたようです。ティラノサウルスが「超肉食恐竜」とまでいわれるのもうなずけます。

製作したティラサウルスの骨骼模型（上）と頭骨実物大模型（下）。

海を支配した首長竜と魚竜たち

ペルム紀末に起こったＰ－Ｔ境界大量絶滅後、生き残った爬虫類の一部は生息域を海へ広げ「海棲爬虫類」に進化しました。三畳紀中期のノトサウルス（半水棲）、ピストサウルス（水棲）などです。ですが、これらもまた三畳紀末の大量絶滅で多くが絶滅します。

ただ、その頃から超大陸パンゲアは南北大陸に分裂し始めており、ジュラ紀前期には、2大陸に挟まれた海域が広大なテチス海を形成。赤道付近の浅海には暖かい海流が流れ込み、海は再び豊かさを取り戻していきました。生き残った海の生物は息を吹き返し、新しい海の生物も出現します。現在の魚類に似た真骨魚類、イカに似たベレムナイトなどの頭足類やアンモナイト、サンゴ、プランクトンなどです。そして、それらを獲物としてジュラ紀以降の海の生態系を支配したのが「首長竜」と「魚竜」でした。

首長竜は「胴から伸びる四肢が指のないひれになっている」のが特徴で、「首が異常に長く頭が小さい種」と「首が短く頭が大きい種」の2種いました。前者はジュラ紀前期のプレシオサウルス（全長5ｍ）、後期のクリプトクリドゥス（全長4ｍ）、白亜紀後期のエラスモサウルス（全長14ｍ）が代表格です。1968年に日本で初めて発見された全長約17ｍの首長竜・フタバスズキリュウもこの仲間です。それらの化石には翼竜を食べた痕跡があり、海面から首を出し空飛ぶ翼竜を捕食していたようです。後者はジュラ紀後期のリオプレウロドン（全長12ｍ弱）、白亜紀前期のクロノサウルス（全長9ｍ）が代表格で高速遊泳が可能で、頑丈な歯をもっていました。ほかの首長竜や魚竜も食べる肉食爬虫類で、頭部が約3ｍあり、アゴの力も強く「海のティラノサウルス」ともいわれます。

魚竜はジュラ紀前期のイクチオサウルス（全長2ｍ）、レプトネクテス（全長4ｍ弱）、中期のステノプテリギウス（全長4ｍ弱）が代表格です。体はマグロのような紡錘形で、ひれは短くて幅広く、尾の先の骨が下に曲がった立派な尾ひれを備えていました。これこそ高速遊泳を追求した姿です。また、暗い深海でもものを視られる巨大な眼をもち獲物を捕らえていました。ジュラ紀前期のテムノドントサウルス（全長9ｍ）の眼は直径26㎝もあります。

こうして、海の覇者として君臨した魚竜と首長竜ですが、魚竜は約9000万年前、首長竜は恐竜と同じ6550万年前に絶滅しました。

最初に化石が発見された首長竜として知られるプレシオサウルス。三畳紀後期〜ジュラ紀前期に生息し、平たくて幅広の胴体、ひれになった四肢、代名詞である長い首が特徴です。ところが、関節の数などから首はさほど自由には動かなかったと考えられています。おもに、小さな魚類、イカやタコの仲間やアンモナイトなどを含む頭足類を食べていました。体長は2〜5m。

ジュラ紀の前期〜中期にかけて生息した魚竜、ステノプテリギウスの化石（アメリカ・ユタ州の自然科学博物館蔵）。全長は2〜4mで、ひれと化した四肢や尾ひれがあるのが特徴的。現生のイルカのような流線型をしており、高速で泳ぐことができました。

突然に終わりを遂げた大恐竜時代

恐竜の時代は突然に幕を下ろしました。白亜紀末期、今から約6550万年前に、またしても大量絶滅が起こったのです。それは「K－T境界大量絶滅」と呼ばれ、原因は小惑星の地球への衝突による衝撃と、その後の地球環境の変化によるものです。

この結論を導くきっかけは、イタリア・グッピオのボッタチオーネ峡谷で発見されました。同地で、連続して堆積している白亜紀と第三紀の露頭を調査していた、父ルイス・ウォルター・アルバレス、息子ウォルター・アルバレスの親子が、境界にある1㎝ほどの粘土層にイリジウムが濃集していることを突きとめたのです。ふたりは、地殻に稀少な元素のイリジウムが混入しているのは、堆積した時代に巨大隕石の落下があったからだと考えました。その後、世界中のK－T境界のイリジウム濃度の分布が調査され、落下地点が絞られ、ついに巨大クレーターの存在に辿り着いたのです。

大量絶滅の直接的な原因となった小惑星の直径は、じつに10㎞もあったと推定されています。それはメキシコのユカタン半島の先端にあり、この海底には直径180㎞にも及ぶ「チクシュルーブ・クレーター」が形成されています。

小惑星衝突から大量絶滅への流れを見ていきましょう。まず、落下地点は数百万℃の高温になり、周囲1000㎞に粉砕物が飛散、海に落下したため、多くの海中の生物は衝撃波で瞬間的に死滅しました。その後、1000㎞離れた海岸に、1㎞の高さの津波が到達して標高の低い地域に生息していた陸上動物の多くが犠牲となりました。さらに、飛び散った粉塵が地球の成層圏を覆って太陽光が遮断され、数年間、地球の気温は40℃も低下しました。それによって、植物は光合成ができなくなり食物連鎖が崩壊します。この急激な気候変動に耐えられなかった生物が、次々と消えていったのです。

こうして、海の首長竜やアンモナイト、空の翼竜、陸の恐竜など、種のレベルで75%もの生物が絶滅し、中世代は終わりを告げました。

絶滅した生物が数多くいたいっぽうで、大絶滅を生き延びた生物もいました。温血動物の鳥類と哺乳類、そして硬骨魚、両生類、昆虫、種子植物などです。捕食者が絶滅したため、生き延びたこれらの生物が新たな時代で大繁栄することになったのです。

白亜紀後期のアルバータ州に生息していた草食恐竜、エドモントサウルスの尾椎骨（びつぃこつ）の化石。成体の体長は 9m になります。この標本は幼体で、採取したままの状態で保存されています。

6550万年前の白亜紀末期、地球に小惑星が衝突。これを機に気候変動などをきたし、隆盛をきわめていた恐竜たちは、哺乳類と鳥類のグループを残して全滅。生物は全体の種レベルで、およそ75%が絶滅しました。
Science Photo Library/アフロ

カナダ・アルバータ州にあるドラムヘラー国立公園の地層。ここにはK-T境界層が広がっていて、白亜紀末に絶滅した恐竜の完全骨格の化石が多数採取されています。これらは、公園内にあるロイヤル・ティレル古生物博物館に展示されています。

▼1億4500万年～6550万年前

羽毛をもった「鳥類の祖」が出現

現生動物で「羽毛」をもつのは鳥類だけです。古生物を含めても、ティラノサウルスなどの獣脚類と鳥類しか羽毛を備えていません。羽毛こそは鳥類最大の特徴なのです。

現生の鳥類は、白亜紀前期（1億4000万年前）に誕生した真鳥類を直接の祖先としています。1861年、ドイツ・ゾルンホーフェン地方の採石場で、長い尾を含めると50㎝ほどある「鳥のような生き物の化石」が発見されました。地質年代はジュラ紀後期（約1億5500万年前）で、時代は少しさかのぼります。発見者のヘルマン・フォン・マイヤーは「最初の鳥の化石を発見した」と発表し、これを始祖鳥と名付けました。

実際、始祖鳥の構造は鳥類とよく似ています。しっかりとした後肢、飛翔に必要な筋肉がついた叉骨《さこつ》があります。そして、空気力学的にも理にかなった翼や羽毛を備えていました。こうした特徴は、始祖鳥が空を飛べた（滑空できた）ことを物語っています。そのいっぽうで、始祖鳥には鳥とはまったく異なる身体的特徴がありました。翼についた前肢にあたるかぎ爪、アゴについた鋭い歯、骨のある長い尾などです。こうした特徴は恐竜とも似ており、やがて「鳥は恐竜から進化した」という説が唱えられるようになります。

そして1990年代、中国で羽毛をもった恐竜（シノサウロプテリクス）の化石が次々と発見されたことで、鳥類の恐竜起源説は揺るぎないものとなります。つまり、恐竜から鳥類への進化を段階的に埋めているのが「羽毛恐竜」というわけです。

ジュラ紀の始祖鳥に対して、次の地質年代（白亜紀）に生息していた羽毛恐竜を起源とするならば、年代のギャップ（「始祖鳥のパラドックス」と呼ぶ）が起きてしまいますが、この問題解決には、ジュラ紀における羽毛恐竜化石の発見を待つしかありません。その後、2012年にカナダのアルバータ州で発見された獣脚類オルニトミムスの化石が、世界中の研究者を驚かせました。オルニトミムスの成体は、羽毛どころか翼をもっていたのです。骨格などを見ると、どうやら飛べないようです。この発見から、そもそも翼は飛ぶために進化したものではないと考えられるようになります。翼をつけた理由は、抱卵、求愛行動などさまざまな説が唱えられていますが判然としていません。鳥類を定義するべきなのか。現在は「鳥類は始祖鳥よりも進化した恐竜（獣脚類）」という考え方が主流になっています。

始祖鳥のイメージ。飛翔するほど翼は発達しておらず、木に登るなどして高地から滑空するように空を飛んでいたと考えられています。

ロイヤル・ティレル古生物学博物館（カナダ）が所蔵するオルニトミムスの化石。前肢には翼の跡が確かめられたが、飛翔能力はないという。何のための翼なのか理由は定かではないが、抱卵や求愛行動に使ったのではないかと考えられています。

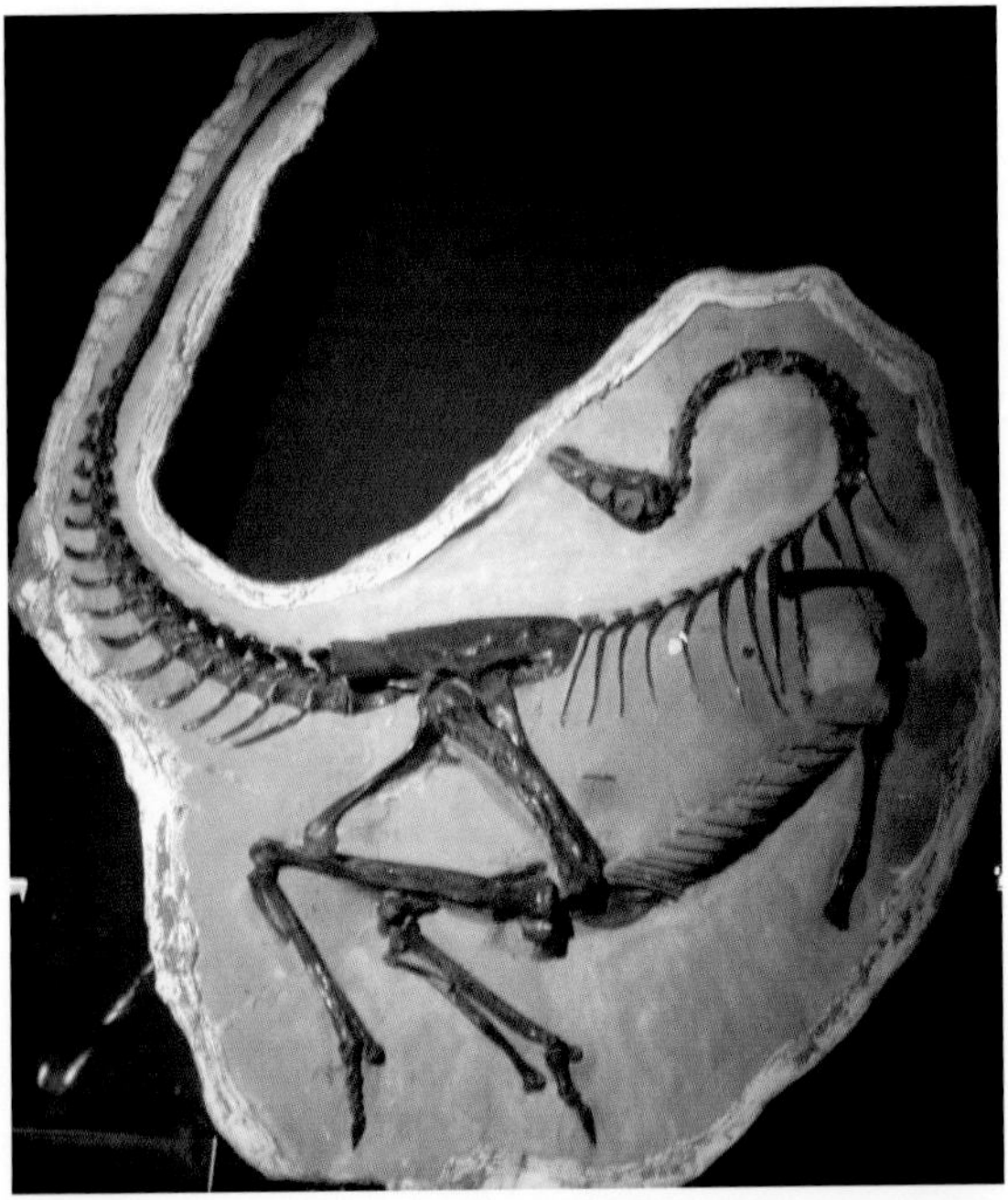

1876年に発見され、現在はフンボルト大学自然史博物館（ドイツ）が所蔵する、「ベルリン標本」と呼ばれる始祖鳥の化石。羽や頭部、足にいたるまで美しい姿を残しています。

花を咲かせる被子植物と昆虫の共生

生物の多様化が進み、とくに海洋ではさまざまな魚類が繁栄したデボン紀は魚類の時代ともいわれます。その後期、植物界では胞子を飛ばして繁殖するのではなく、種をもった植物の一種、裸子植物が登場しました。裸子植物は、のちに種子になる胚珠《はいしゅ》がむき出しになっている植物で、ソテツ、マツ、イチョウなどが該当します。ペルム紀に大きな発展を見せた裸子植物は、白亜紀になるとイチョウ、ソテツなどによる豊かな森を形成していきます。そうした裸子植物が隆盛をきわめるなか、被子植物と呼ばれるまったく新しいタイプの植物が芽吹き始めました。被子植物はそれまでむき出しだった胚珠を雌しべの子房（果実）で包み込み、保護している植物で、リンゴやナシなどのように果実をつけるものもありました。また、大きなガクや花弁があり、昆虫たちの目をひく「花を咲かせる」という裸子植物にはない大きな特徴があります。

現在、最古の被子植物の存在を示すものとして、1億7400万年前、中国（南京郊外）

のジュラ紀の地層から200点超の花びらの化石が見つかっています。このことから、少なくとも白亜紀以前に被子植物が存在していたと考えられています。また、1億4000万年前のイスラエルの地層からは花粉の化石、1億3000万年～1億2500万年前の地層からは花そのものの化石がいくつも発見されました。

そのひとつ、アルカエフルクトゥスはまだ花びらがなく、実がそれぞれ1個の雌しべからなり、雄しべは雌しべの下のほうにあります。茎は細く、葉の切れ込みが深く、根の形状などから水生植物だったと推測されています。ジュラ紀から白亜紀にかけては温暖で雨量が多く、植物のなかには水中で生活しなければならなかったものも多かったと考えられます。そうした植物にとって、裸子植物のように胚珠がむき出しでは受粉しにくいため、種子となる胚珠を子房で包む被子植物へと進化しました。アルカエフルクトゥスは、そうした裸子植物から被子植物へ進化する過程の貴重な証拠となりました。

裸子植物から果実をもつ植物へと進化を始めた中生代の植物は、さらに、子孫繁栄のため、受粉にかかわる進化を見せます。「花びら」という装飾です。裸子植物は、おもに風に乗せて花粉を飛ばす風媒と呼ばれる方法で受粉していましたが、風媒は雌花に届くまで大量の花粉

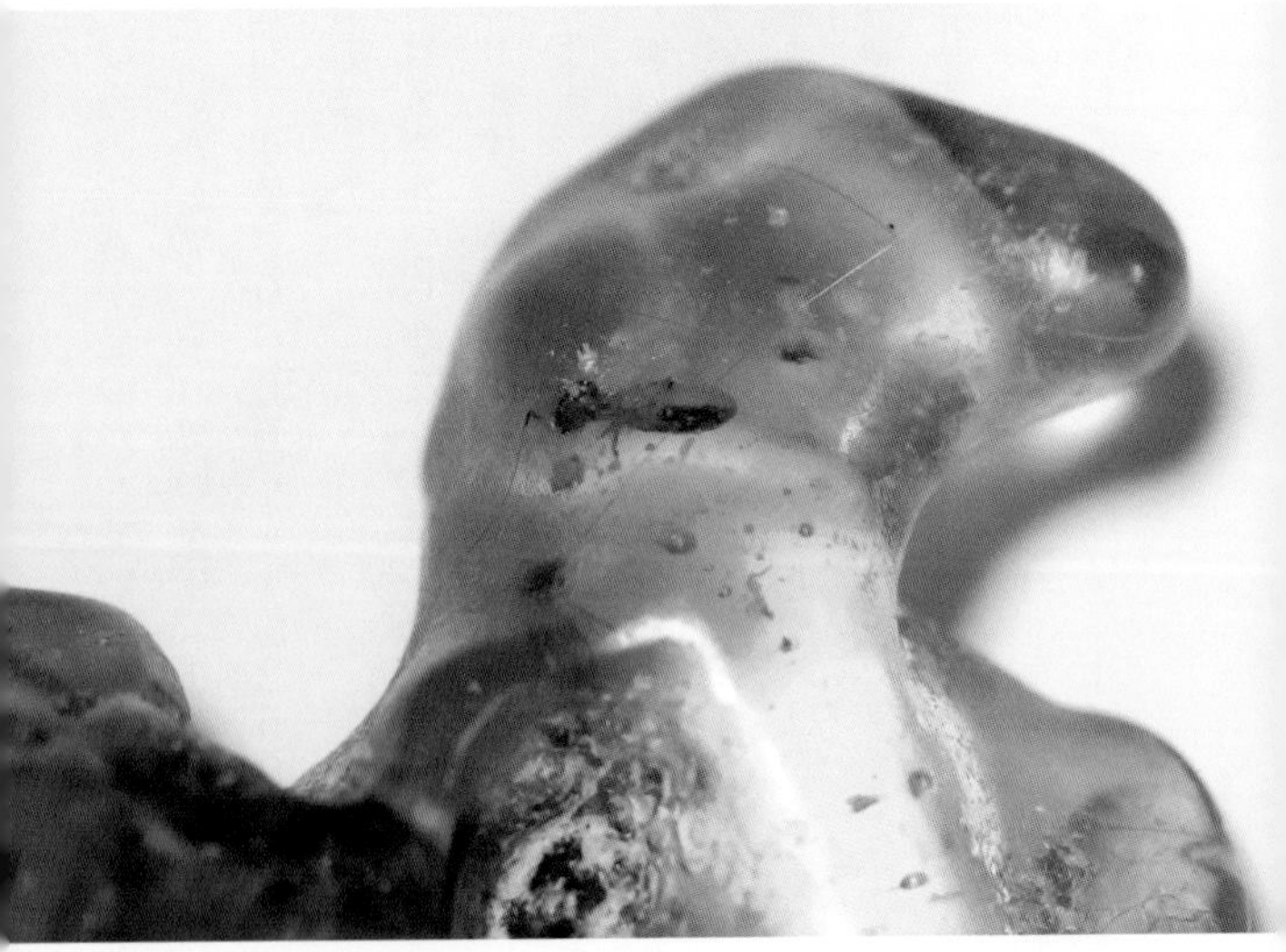

上記はいずれも、映画『ジュラシック・パーク』でおなじみの虫入り琥珀。琥珀は、木の樹脂が長い年月を経て地中で化石化したもので、内部に昆虫が混入しています。写真はいずれも白亜紀の化石で、上にはハチの一種、下にはアリの一種が入り込んでいます。なお、琥珀のおもな産地としては、バルト海沿岸、ドミニカ共和国、中国の撫順(ぶじゅん)、そして日本の久慈市(岩手県)などが知られています。

被子植物と裸子植物の「花」のしくみ

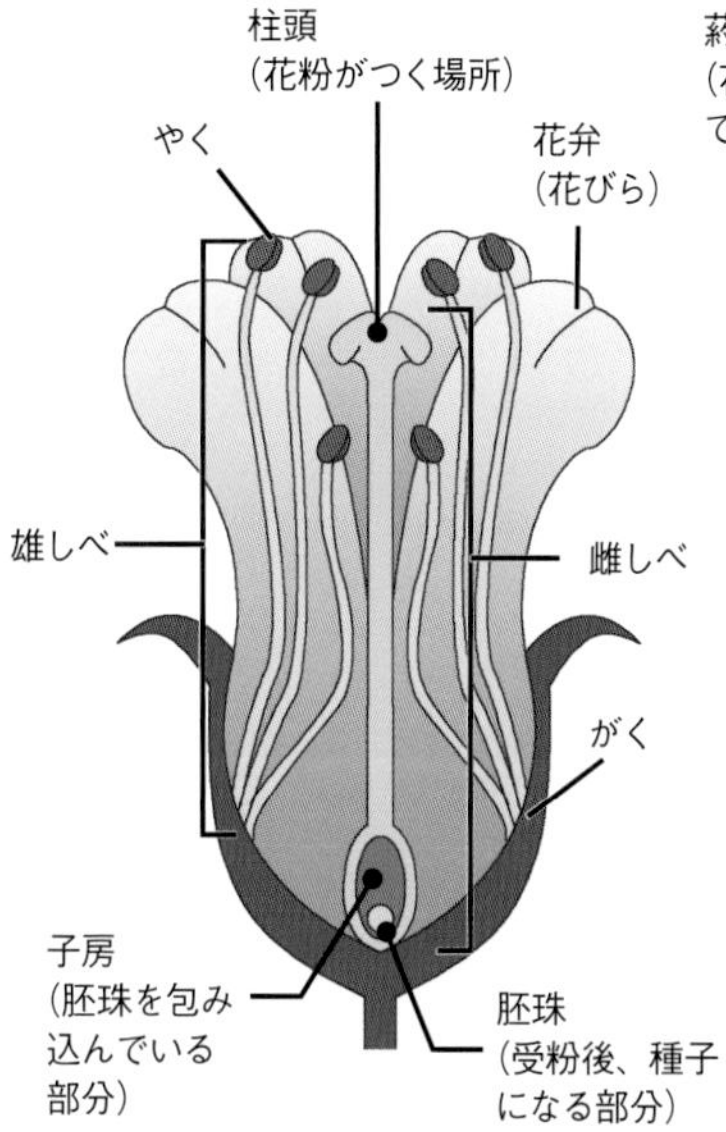

被子植物

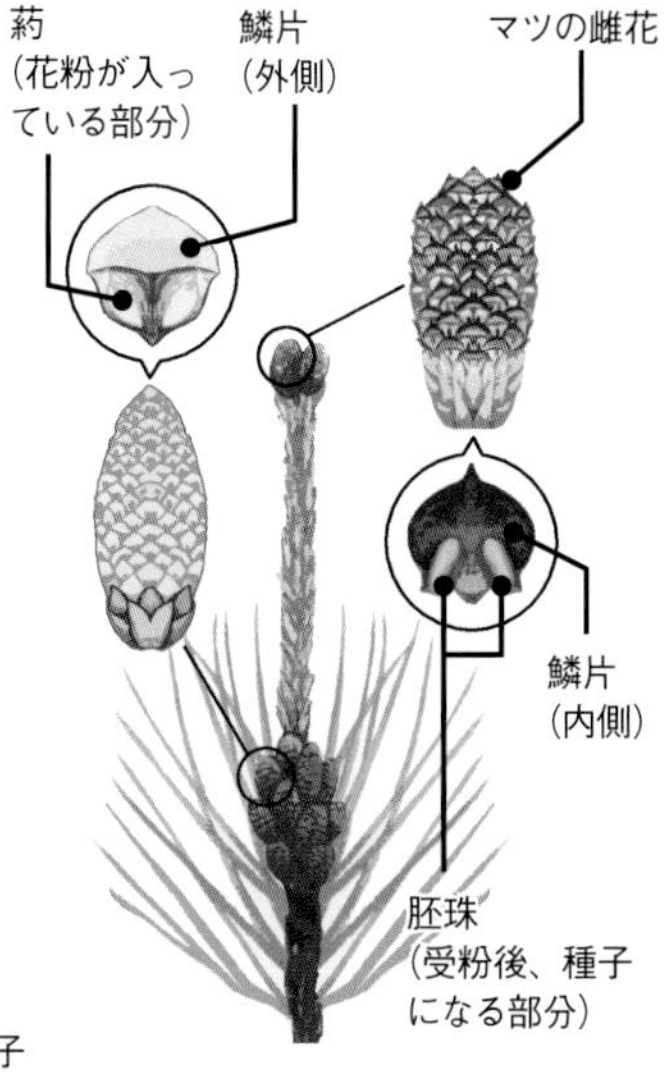

裸子植物（マツ）

菜の花で花粉を集めるミツバチ。それまでの「風媒」に代わる「虫媒」によって、被子植物たちは大繁栄の道を歩みました。

を飛ばさなければなりません。さらに受粉が完了するまでに半年～1年という長い時間がかかることもあり、非常に効率が悪かったのです。

とはいえ、被子植物も花を咲かせるだけでは受粉はできません。そこで、被子植物が利用したのが昆虫でした。昆虫は栄養価の高い花粉を好んで食べますが、食べる際に花粉を体につけてしまいます。そうした昆虫（ハチやチョウなど）によって花粉が運ばれ（虫媒）、被子植物は受粉ができるようになったのです。花びらは、当初は目立たない存在だった花そのものを、こうした昆虫にアピールするべく、存在をよりわかりやすくするために、色鮮やかな姿に進化したと考えられています。被子植物は進化の過程で、さらに昆虫を引き寄せるために匂いや蜜をつくるようにもなりました。この作戦は見事に成功し、被子植物の繁殖は驚くべき効率化が図られることになります。結果として現在、地球上に存在する植物のうち、じつに90%以上が被子植物です。被子植物の繁栄にともない、花粉や蜜目当ての昆虫も進化しました。ジュラ紀の地層からは、花びらとチョウの化石が見つかっています。白亜紀前期にはクモやガの幼虫を食べていたアナバチが花粉を食べるハナバチに食性転換して進化。白亜紀末期には、集団で生活して女王バチや働きバチ、雌バチなど社会性をもったミツバチが登場するなど多様な能力を獲得していきました。

第6章 新生代、ヒトの時代へ

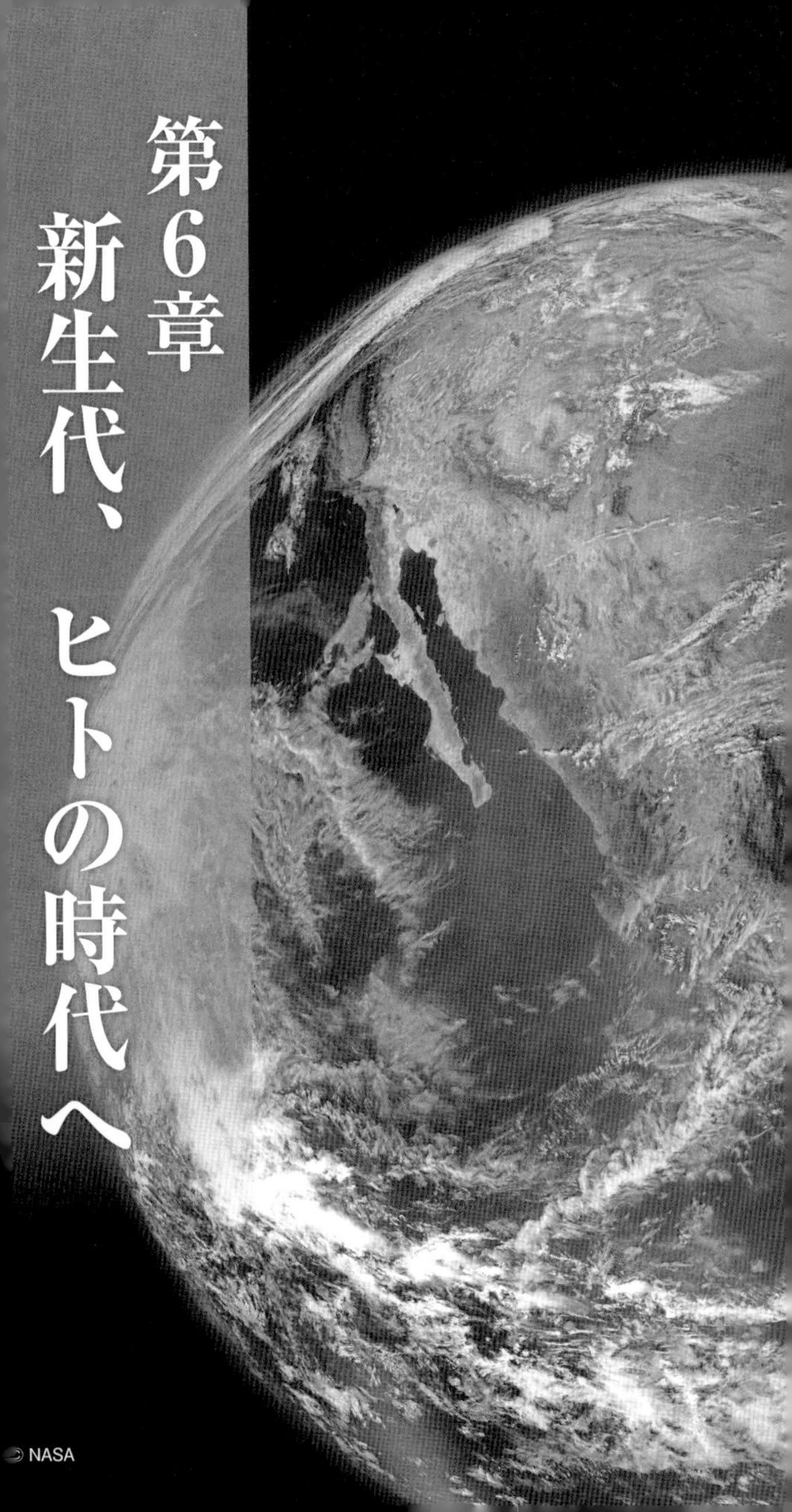

© NASA

古第三紀、恐竜亡きあと哺乳類が繁栄

6550万年前、小惑星が地球へ衝突し、当時の地球に生息していたすべての恐竜、首長竜、魚竜、アンモナイトなど、生物種の約70％が絶滅しました（K－T境界大量絶滅）。そんななか、衝突後の零下という過酷な環境変動のなかを生き残ることができた生物がいました。陸上動物では、鳥類と哺乳類、昆虫類、両生類のほか、小型のトカゲ、ワニ、カメなどの爬虫類です。また、顕花植物の種子も芽生えることができました。海では、魚類、カニ、貝類、ヒトデやウニなどが生き残ったのです。

K－T境界前の時代、これらの生物たちは巨大な捕食者から逃れるように潜んで生活していました。体が小さかったこと、そして体温調節ができた温血性であったことが、気温低下の環境のなかを生き延びるのに幸いしました。

その後の哺乳類が生きた古第三紀の大地は、パンゲア大陸の分裂により、第三紀の始めの暁新世にはアフリカと南アメリカが分離、アフリカからインド大陸が離れました。続いて、

K-T 境界大量絶滅を生き抜き、新生代第三紀に生息した魚類の化石。

始新世には南アメリカから南極とオーストラリアが分裂、インド大陸がユーラシア大陸に衝突しました。さらに、漸新世《ぜんしんせい》の直前には大規模な「海退」が起こりました。海退とは、海水準の低下によって海岸線が海側へ後退することをいいます。これによって、アジアと北アメリカが一時的に陸橋でつながりました。そして、この頃にプレート衝突が起きたプレート境界に沿って、ロッキー山脈、アンデス山脈、アルプス・ヒマラヤ山脈が形成されていきます。

「K－T境界」を生き延びた哺乳類をはじめとした生物は、こうした環境に適応するとともに、多様な気候条件に合わせながら進化し、生活の場所を広げていったのです。

▼2300万年〜5300万年前

旧世界ザルから類人猿への進化

哺乳類は、母親の胎内で成長してから産まれる有胎盤類、小さな体で産まれて母親の袋のなかで成長する有袋類、卵で産まれる単孔類の3つに分類されます。

現在、有袋類はカンガルーをはじめとする多くの種がオーストラリアに多種生息し、単孔類にいたってはカモノハシの1種類しか存在していません。

人類はもちろん、有胎盤類です。では、わたしたち人類はどのような進化の道を辿ってきたのでしょうか。人間のルーツとなる霊長類の進化を見てみましょう。

最初の霊長類は、白亜紀末期、6550万年前の北アメリカ西部の地層で発見されており、プレシアダピス類（偽霊長類）と呼ばれています。その後、プレシアダピス類はアメリカでは絶滅したものの、ヨーロッパとアフリカで繁殖して、いわゆる旧世界ザル（オナガザル科）、新世界ザル（広鼻猿《こうびえん》）、類人猿と進化の道を辿りました。

ヒトと似た形態をもつチンパンジー、ゴリラ、オランウータン、テナガザルなどの霊長類を類人猿といいます。そして、こうした類人猿の化石は、アフリカ南西部に位置するナミビア、フランス、スペイン、ドイツなど世界各地で発見されています。

類人猿の共通祖先となる旧世界ザルから、新世界ザルと類人猿に進化のルートが分かれたのは、約２３００万年前、新第三紀の始まり頃だと考えられています。さらに、分子生物学の発展によって、ＤＮＡの塩基配列から、ヒトとテナガザルは２０００万年前に、オラウータンは１０００万年前に、ゴリラは６５０万年前に、そしてチンパンジーは４８０万年前に分岐したと考えられるようになりました。

最後に分岐したチンパンジーとヒトのＤＮＡは、96％が同じであることがわかっています。

480万年前までヒトと同じ進化の道を歩んだチンパンジー。DNAはヒトと96％一致しています。

ホモ・サピエンスの登場

1976年、350万年前のタンザニアの大地を「二足歩行した足跡の生痕《せいこん》化石」が発見されました。約480万年前にチンパンジーから進化したヒトは、直立歩行することで脳の容量を大きくし、歩行に使わなくなった二本の手で道具をつくり、声帯を発達させてコミュニケーション能力や知能を発達させたのです。1974年にはエチオピアで若い女性の骨の化石が発見されています。「ルーシー」と名付けられたその化石は、310万年前の猿人・アウストラロピテクスと判明。身長は140cm程度、頭蓋骨から求めた脳容量は350ccでチンパンジーのそれとあまり変わりません。骨盤の形状などから、二足歩行していたことがわかりました。2000年、同じくエチオピアで発見された3歳のアウストラロピテクスの女児の頭蓋骨は、「ルーシの赤ちゃん」と呼ばれています。アウストラロピテクスに分類された初期の人類は、森林地帯に広がる地溝帯の草原で原始的な石器を使用して小動物などを対象に狩猟生活をしていたものの100万年前には絶滅しました。

人類進化のイメージ。
© Science Photo Library/ アフロ

２４０万年前には、アウストラロピテクスから進化したホモ・ハピルスが登場。その子孫は、ヨーロッパやアジア各地へ広がり、北京原人、ジャワ原人などのホモ・エレクトスへと進化します。ホモ・エレクトスの脳容量は８５０ccで、大脳が発達しており火を使うことができました。アジアに幅広く分布し、第四期の氷河期をすごし７万年前まで生きていました。そして約25万年前、ネアンデルタール人（旧人）が登場します。彼らの脳容量は１４５０ccもありました。こちらは２万５０００年前に絶滅しています。

そしてついに、わたしたち現生人類に直接つながるホモ・サピエンスが、16万年前に登場します。フランスのクロマニヨン洞窟で５体の化石が発見され、その地名から「クロマニヨン人（新人）」と呼ばれています。洞窟内には壁画が描かれていました。

更新世、試練の氷河期が訪れる

第四紀の更新世は、地球規模で寒冷化し中緯度域にも達する長大な氷河が出現した氷河期です。続く完新世の前期（約1万年前）までに、地球は最低でも4回の氷期を経験し、各氷期のあいだには比較的気候が穏やかな間氷期がありました。現在は、最終氷期後の間氷期で後氷期と呼ばれています。氷河期が起こる要因のひとつに地球の楕円軌道のズレ、自転軸の傾きが考えられます。地球は太陽の周りを楕円軌道で公転していますが、その軌道は一定ではありません。また、地球の自転軸の傾きは現在23・4度ですが、この傾きも周期的に変動しています。これらの要素が絡み合い、地表が受ける太陽光の量が増減し気温が変化します。これがミランコビッチ・サイクルという氷河期発生のひとつの要因です。また大気組成の変化、とくに二酸化炭素やメタンの減少も気温低下につながります。

さらに、大陸のダイナミックな移動も氷河期の到来に関係しています。4000万年前に南米大陸から分離した大地は、年に5㎝ほどの速度で移動し南極大陸を形成しましたが、南極大陸周辺の海水は北上せずに大陸周辺を周回するようになりました。そのせいで海水温は下がり、気温も低下。やがて南極には、厚さ2700mもの氷床ができあがりました。

いっぽう北極は、南北アメリカ大陸がつながったことで大きな変化を迎えます。両大陸がつながり、太平洋に流れ込まなくなった温かいメキシコ湾流が北上し、ヨーロッパの気温が上昇します。やがて多くの雲を発生させ、北に流された雲は気温が低い北極で大量の雪を降らせました。現在の北極点は海ですが、陸地になると南極のように分厚い氷床に覆われ、地球は南北の極に氷冠を戴いた凍える星になってしまいます。

氷河期は生物にも多大な影響を与えました。氷が陸地を覆うと海面は低下し、シベリアとアメリカ大陸は陸続きになります。こうしてマンモスやウマ、人間など多くの生物が、陸橋を渡って大陸間を移動しました。北米原産のウマは、サーベルタイガーなど北米にいた獣に捕食されて絶滅しましたが、陸橋を渡って移動したウマがアジア・ヨーロッパで繁栄。マンモスも陸橋を渡りヨーロッパからシベリア、アメリカ、アフリカ、アジアなど、南極とオーストラリア以外の全大陸で生活していましたが、最後は人間の狩猟により絶滅します。現生のゾウは、マンモスと近縁のアジアゾウ（インドゾウ）とアフリカゾウの2種のみです。

歯牙最大長248㎜ほどもある「カルカドロン」の歯の化石（ペルー産）。歯の大きさから、体長は20mあったと推察される世界最大級の歯。カルカドロンは約1800万年～150万年前にかけて生息していた巨大サメ。海水温の低下や繁栄するクジラにより生態的地位を追われたために絶滅しました。

アルゼンチン・サウタクルス州、南パタゴニア氷原のペリト・モレノ氷河。透明度の高さから美しい青色を発し、その色は「グレーシャーブルー」と称されます。中心部は1日およそ2mの速度で移動していることから「生きた氷河」とも呼ばれています。

新生代に生息していた「マンモスの臼歯と下アゴ」の化石。長辺は約20㎝。マンモスは誕生から5度臼歯が生え替わり、6度目の臼歯が摩耗してしまうと、草をすりつぶせなくなり生涯を終えます。マンモスはまた、最終氷期を乗り越えることなく絶滅しました。

世界各地で文明が勃興する

スペインのアルタミラ洞窟（1万5000年前）、フランスのラスコー洞窟（2万5000年前）などに、クロマニョン人が描いた壁画が残されています。ホモ・サピエンスが地上を席捲する以前の旧石器時代の壁画には、当時の狩りのようすなどが描かれています。わたしたち人類の親戚といえる原人たちは、どうやら古い時代から文化的な暮らしをしていたようです。しかし、それはあくまでも自然と調和した生き方でした。やがてホモ・サピエンスが現れ、人類は自然に介入し、よりよい暮らしを求めていきます。人類は狩猟のための移動生活をやめ、定住生活を始めます。動物を家畜とし、農耕を覚え、やがて経済活動が生まれました。こうした生活の変化こそ、文明の萌芽といえるでしょう。

人類史のなかで、文明が花咲いた時期は約5000年前頃とされています。この時期に中東のチグリス川とユーフラテス川に挟まれたメソポタミア地域のシュメール人によって文字が発明されました。それ以前は、おもに口伝によって歴史が伝えられてきましたが、文字が石板に刻まれたことによって、人類の営みはより正確に後世へ受け継がれていくことになりました。この文字発明以前を「先史時代」、以降を「有史時代」といいます。またシュメール人は、天体観測や数学にも長けていました。それらは、現在に至る文明の礎となっています。シュメール人が築いた文明の初期、彼らは自然の脅威から生活を守るために集落の周囲に壁をつくるようになります。それらがいくつもの都市となり、やがて王政が確立。法も整備され、かくしてメソポタミア文明が築き上げられたのです。

同じ頃、エジプトではファラオを頂点とする壮大なエジプト文明が興りました。エジプトの民は、太陽の神を信仰し、歴代のファラオを埋葬するためにいくつもの巨大なピラミッドをつくりました。ピラミッドは大きな石を切り出して、それを積み上げてつくられていますが、現代においても、当時どのような技術を使って石を運び、石積みしたのかは解明されていません。さらに、インダス川流域にはインダス文明が、中国の黄河流域には黄河文明が興りました。この4つの文明は、いずれも大河の沿岸に興ったという共通項があります。定期的に起こる水害は、肥沃な土地を生み出します。そこに人々は集まり、集落が生まれて文明が誕生したのです。

紀元前 2500 年頃に築かれたとされる、エジプトのギザ砂漠にある三大ピラミッド。いずれも、古代エジプト王国のファラオの墓陵です。左手前からメンカウラー王、カフラー王、クフ王のピラミッド。

表の見方

原子番号……1
元素記号……H
元素名……水素

希ガス
ハロゲン

10	11	12	13	14	15	16	17	18
								2 He ヘリウム
			5 B ホウ素	6 C 炭素	7 N 窒素	8 O 酸素	9 F フッ素	10 Ne ネオン
			13 Al アルミニウム	14 Si ケイ素	15 P リン	16 S 硫黄	17 Cl 塩素	18 Ar アルゴン
28 Ni ニッケル	29 Cu 銅	30 Zn 亜鉛	31 Ga ガリウム	32 Ge ゲルマニウム	33 As ヒ素	34 Se セレン	35 Br 臭素	36 Kr クリプトン
46 Pd パラジウム	47 Ag 銀	48 Cd カドミウム	49 In インジウム	50 Sn スズ	51 Sb アンチモン	52 Te テルル	53 I ヨウ素	54 Xe キセノン
78 Pt 白金	79 Au 金	80 Hg 水銀	81 Tl タリウム	82 Pb 鉛	83 Bi ビスマス	84 Po ポロニウム	85 At アスタチン	86 Rn ラドン
110★ Ds ダームスタチウム	111★ Rg レントゲニウム	112★ Cn コペルニシウム	113★ Nh ニホニウム	114★ Fl フレロビウム	115★ Mc モスコビウム	116★ Lv リバモリウム	117★ Ts テネシン	118★ Og オガネソン
63 Eu ユウロピウム	64 Gd ガドリニウム	65 Tb テルビウム	66 Dy ジスプロシウム	67 Ho ホルミウム	68 Er エルビウム	69 Tm ツリウム	70 Yb イッテルビウム	71 Lu ルテチウム
95★ Am アメリシウム	96★ Cm キュリウム	97★ Bk バークリウム	98★ Cf カリホルニウム	99★ Es アインスタイニウム	100★ Fm フェルミウム	101★ Md メンデレビウム	102★ No ノーベリウム	103★ Lr ローレンシウム

※同じ族の元素は化学的性質が似ている。★は人工元素

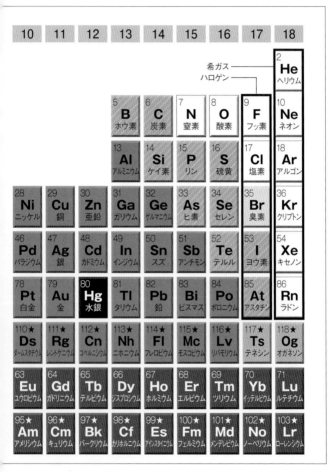

全118元素の周期表

族 周期	1	2	3	4	5	6	7	8	9
1	1 H 水素								
2	3 Li リチウム	4 Be ベリリウム							
3	11 Na ナトリウム	12 Mg マグネシウム							
4	19 K カリウム	20 Ca カルシウム	21 Sc スカンジウム	22 Ti チタン	23 V バナジウム	24 Cr クロム	25 Mn マンガン	26 Fe 鉄	27 Co コバルト
5	37 Rb ルビジウム	38 Sr ストロンチウム	39 Y イットリウム	40 Zr ジルコニウム	41 Nb ニオブ	42 Mo モリブデン	43★ Tc テクネチウム	44 Ru ルテニウム	45 Rh ロジウム
6	55 Cs セシウム	56 Ba バリウム	57～71 ランタノイド	72 Hf ハフニウム	73 Ta タンタル	74 W タングステン	75 Re レニウム	76 Os オスミウム	77 Ir イリジウム
7	87 Fr フランシウム	88 Ra ラジウム	89～103 アクチノイド	104★ Rf ラザホージウム	105★ Db ドブニウム	106★ Sg シーボーギウム	107★ Bh ボーリウム	108★ Hs ハッシウム	109★ Mt マイトネリウム
				57 La ランタン	58 Ce セリウム	59 Pr プラセオジム	60 Nd ネオジム	61★ Pm プロメチウム	62 Sm サマリウム
				89 Ac アクチニウム	90 Th トリウム	91 Pa プロトアクチニウム	92 U ウラン	93★ Np ネプツニウム	94★ Pu プルトニウム

非金属：気体
液体
固体
金属：液体
固体
未確定・未発見
ランタノイド、アクチノイド

アルカリ金属（1族）

アルカリ土類金属（2族）

おわりに

約138億年前に誕生した宇宙のなかの、わたしたちの銀河の片隅で、太陽とともに「地球」や太陽系の天体が約46億年前に誕生しました。本書『地球進化46億年』では、美しい水惑星「地球」の歴史のなかで繁栄した古生物の物語のほか、大陸移動説からプレートテクトニクス、プルームテクトニクスなどの地球科学、地球表層部の環境の変化、そして生命の進化や地球におけるさまざまな出来事を、時間スケールと空間的スケールを切り口として迫ってみました。

地球史で最強の恐竜が、宇宙から忍び寄る小惑星衝突に突然遭遇し、なす術もなくほかの多くの生命とともに地上から姿を消しました。こうした絶望の淵から生き残ることができたわずかな生命は、次の世界の主役として繁栄していきます。地球では、このような大量絶滅が幾度となく「生命」を襲い、そのたびに生物の再編成が繰り返され、危機を乗り越えた生物が新たな時代を切り拓いてきました。ある意味で、本書に登場した生物は、このようにして命をつなぐことができた幸運な古生物であったといえるかもしれません。

しかし、これらの生物は単なる偶然で繁栄したわけではないのです。宇宙のなかの地球

イタリア・グッピオのK－T境界を調査した際の1枚。白亜紀の海に堆積した石灰岩がプレート運動により隆起してアペニン山脈が形成。北部にあるグッピオ近郊には、白亜紀末から第三紀の石灰岩が連続して堆積しています。写真右下が白亜紀層、左上が第三紀層です。あいだにある厚さ1㎝ほどの粘土層に、イリジウムが濃縮していて衝撃石英も見つかりました。ここが約6550万年前、大量絶滅を起こす原因となった小惑星衝突の証拠となった露頭です。

という惑星に生命が誕生し、命を享受し、過酷な時代の環境に適応、進化して、よりすぐれた命を後世につなぐことができ、今日を生きる生物につながっているのです。これは必然です。わたしたち人間も、こうした地球上での営みの恩恵を受け継いで生きています。

本書を手にとっていただいたみなさまは、ご自身が46億年もの地球史の命をつないでいる、輝かしい生命のひとりであることに気づかれたことでしょう。

この素晴らしい地球史の仲間として、宇宙のなかの地球環境と命の大切さを未来に伝えていっていただければ幸いです。

２０２０年秋　　　　高橋 典嗣

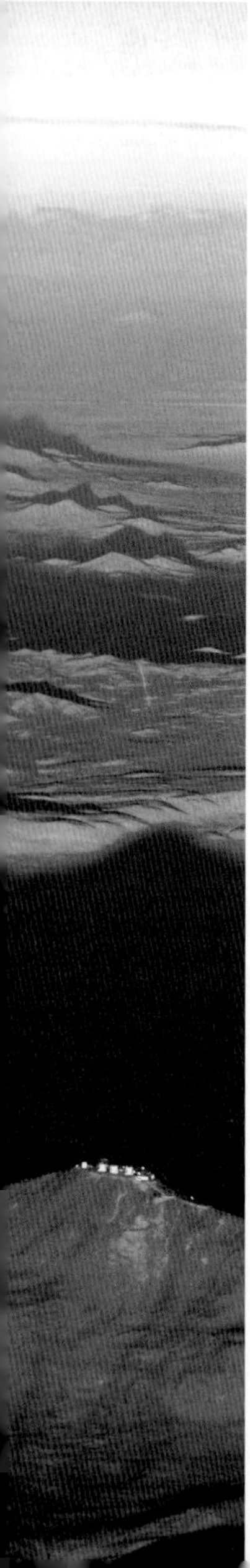

■主要参考文献（刊行年順）

丸山茂徳、磯崎行雄『生命と地球の歴史』（岩波書店、1998年）
リチャード・フォーティ『生命40億年全史』（渡辺政隆訳、草思社、2003年）
白尾元理、清川昌一『地球全史 写真が語る46億年の奇跡』（岩波書店、2012年）
クリストファー・ロイド『137億年の物語』（野中香方子訳、文藝春秋、2012年）
土屋 健『大人の恐竜大図鑑』（小林快次、藻谷亮介ほか監修、洋泉社、2013年）
高橋典嗣、二間瀬敏史、吉田直紀監修『入門宇宙論』（洋泉社、2013年）
数研出版編集部編『もういちど読む数研の高校地学』（数研出版、2014年）
ロバート・ヘイゼン『地球進化46億年の物語』（円城寺守監訳、渡会圭子訳、講談社、2014年）
日本地質学会監修『地球全史スーパー年表』（岩波書店、2014年）
週刊『150のストーリーで読む 地球46億年の旅』各号（朝日新聞出版、2014年）

■写真提供

高橋典嗣
武蔵野大学教育学部宇宙地球科学教育研究室
明星大学教育学部地学教室
NASA（アメリカ航空宇宙局）
ESA（欧州宇宙機関）
ESO（ヨーロッパ南天天文台）
NOAA（アメリカ大洋大気庁）
University of California Museum of Paleontology（カリフォルニア大学古生物学博物館）
アフロ
フォトライブラリー
小池豊

■撮影

村上裕也

■編集協力

田口 学（株式会社アッシュ）
藤田和沙

■執筆協力（五十音順）

荒舩良孝
上野高一
松立 学
村沢 譲

■校正

大熊真一（ロスタイム）

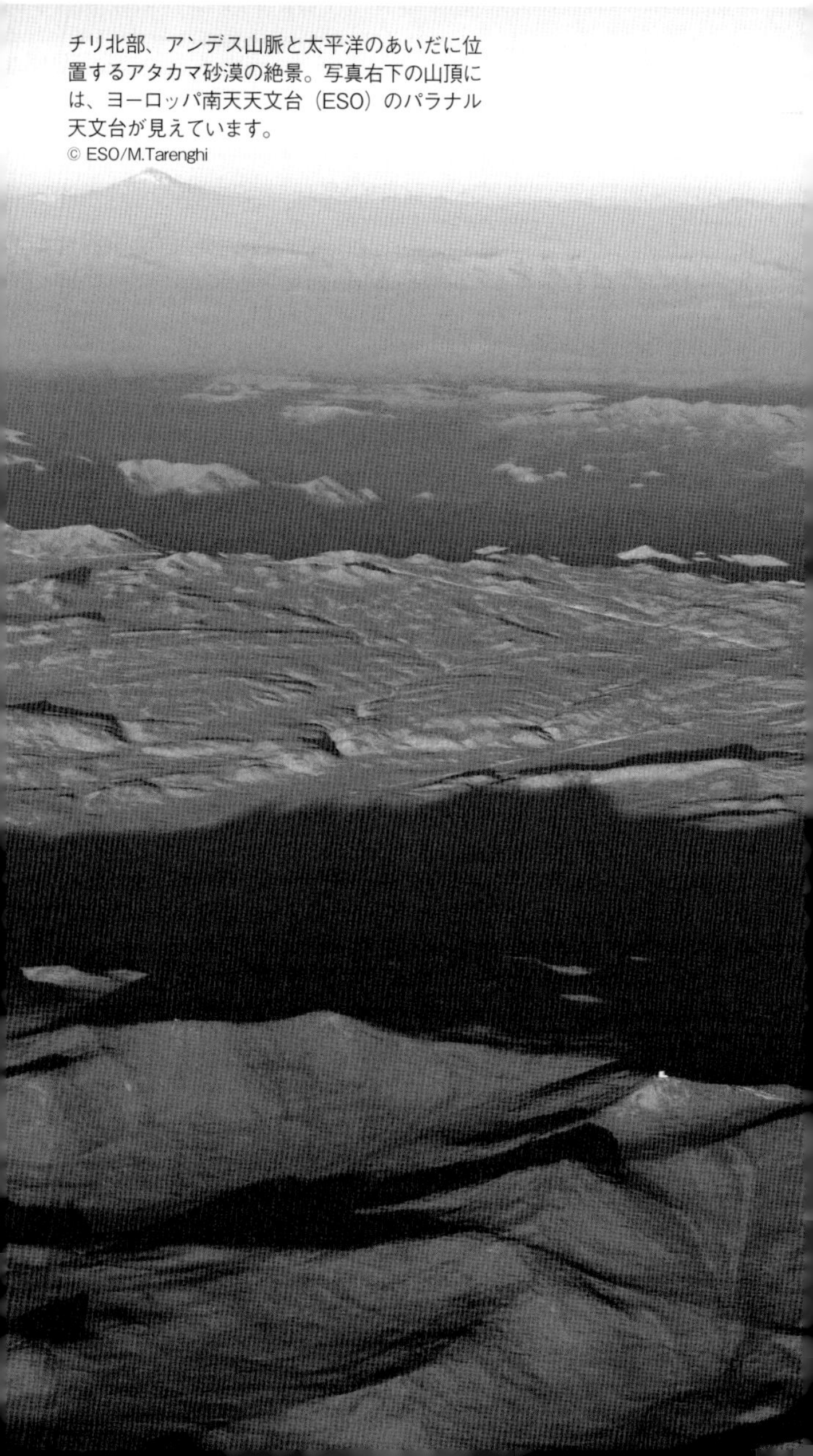

チリ北部、アンデス山脈と太平洋のあいだに位置するアタカマ砂漠の絶景。写真右下の山頂には、ヨーロッパ南天天文台（ESO）のパラナル天文台が見えています。
© ESO/M.Tarenghi

新生代第三紀末から現在に至るまで、太平洋プレート、ナスカプレートと南米大陸がぶつかり合うために古代の海底が隆起してできた南アメリカ大陸の険峻、アンデス山脈。沖合には海溝（沈み込み帯）があり、山脈には火山が多数噴出している。付近は地震の多発地帯としても知られています。

地《ち》球《きゅう》進《しん》化《か》46億《おく》年《ねん》

地学《ちがく》、古生物《こせいぶつ》、恐竜《きょうりゅう》でたどる

2020年11月25日　初版発行

著者　高橋典嗣

高橋典嗣（たかはし　のりつぐ）
東京生まれ。武蔵野大学教育学部・大学院教育学研究科特任教授。明星大学、神奈川工科大学、麻布大学非常勤講師。千葉大学大学院博士後期課程で公共研究を専攻。太陽コロナ、地球接近小惑星、スペースデブリなど、地球を取り巻く宇宙環境と理科教育に関する研究に取り組んでいる。日本スペースガード協会前理事長。日本学術会議天文学国際共同観測専門委員、日本学術観測団団長（ザンビア皆既日食）、学校科目「地学」関連学会協議会議長、天文教育普及研究会副会長などを歴任。著書に『46億年の地球史図鑑』『138億年の宇宙絶景図鑑』（ともにKKベストセラーズ）、共著に『子どもの地球探検隊』（千葉日報社）、『大隕石衝突の現実』（ニュートンプレス）、監修に『月と暮らす本』（洋泉社）ほか多数。

本書は2013年に4月にKKベストセラーズより発行された『46億年の地球史図鑑』（ベスト新書）を改題し、加筆・修正を加えたものです。

発行者　横内正昭
編集人　内田克弥
発行所　株式会社ワニブックス
〒150-8482
東京都渋谷区恵比寿4-4-9えびす大黒ビル
電話　03-5449-2711（代表）
03-5449-2716（編集部）

カバーデザイン　志村佳彦（ユニルデザインワークス）
フォーマット　橋田浩志（アティック）
本文デザイン・DTP製作　奥主詩乃、山本円香（アッシュ）
編集　川本悟史（ワニブックス）

印刷所　凸版印刷株式会社
製本所　ナショナル製本

ISBN 978-4-8470-6650-4
ワニブックスHP　http://www.wani.co.jp/
WANI BOOKOUT　http://www.wanibookout.com/
WANI BOOKS NewsCrunch　https://wanibooks-newscrunch.com/